DEFENSE

DE LA DOCTRINE

DES

COMBINAISONS.

DÉFENSE

DE LA DOCTRINE

DES COMBINAISONS,

ET

RÉFUTATION

du Mémoire dix des Opuscules mathématiques
de M. D'Alembert,

AVEC

DEUX LETTRES

AU MÊME;

L'une, sur sa Differtation lue dans l'Académie des Sciences, pour prouver qu'on ne peut foumettre l'Inoculation au calcul des Probabilités.

Et l'autre, sur un article du Dictionnaire de l'Encyclopédie, au mot de Croix & Pile.

Se trouve à PARIS,

Chez $\left\{\begin{array}{l}\text{CHAUBERT, rue du Hurepoix.}\\\text{MOREAU, rue Galande.}\\\text{KNAPEN, au Palais.}\\\text{DURAND, rue Saint-Jacques.}\end{array}\right.$

M, DCC. LXIII.

LETTRE

A MONSIEUR

D'ALEMBERT,

Au sujet de sa dissertation lue dans l'académie des sciences, pour prouver qu'on ne peut faire l'application du calcul des probabilités à l'inoculation de la petite vérole.

MONSIEUR,

Les partisans de l'inoculation de la petite vérole ont été fort allarmés du titre de votre dissertation. On sçait

A

de quel poids eſt l'autorité d'un géomètre, lorſqu'à l'exactitude des raiſonne-
mens, que ce nom ſeul annonce, il
ſçait joindre, comme vous, les char-
mes de l'éloquence ; qualités qui ſe
trouvent rarement enſemble, & dont
aucun ſiècle n'a donné, ni plus d'e-
xemples de réunion que le nôtre, ni
dans un plus haut dégré que celui où
vous les raſſemblez. On s'eſt un peu
raſſuré, quand on vous a entendu
prononcer, » qu'il falloit bien ſe gar-
» der d'arrêter ou de retarder les pro-
» grès de l'inoculation ; que vous
» vous regarderiez comme coupable
» envers la ſociété, ſi vous aviez eu
» pur but de diſſuader vos conci-
» toyens d'une pratique que vous
» croyez utile ; que vous ne préten-
» diez combattre que les mathéma-
» ticiens qui ont avancé qu'on pou-
» voit ſoumettre cette matière au

8

« cacul des probabilités ; ou qui l'ont
» ofé entreprendre ».

Malgré l'efpèce de témérité dont
vous taxiez ceux qui prétendoient
foumettre l'inoculation au calcul des
probabilités, j'ofai l'entreprendre ; &
ma première idée me fembla donner
la folution d'un problême, qui vous
paroît fi difficile. J'ai lu depuis votre
differtation ; & aucune des difficultés,
que vous regardez comme des obfta-
cles infurmontables à la folution de
ce problême, ne m'a paru donner
atteinte à celle que j'ai trouvée : c'eft
ce que je vais tâcher de vous prouver, & de faire voir en même temps
le peu de poids de vos objections.
J'efpère, monfieur, que vous ne blâ-
merez point une tentative que m'inf-
pirent, & mon zèle pour maintenir
l'inoculation dans tous fes droits, &
l'honneur d'entrer en lice avec un
homme tel que vous.   A ij

» Vous dites, monſieur (*), que ;
» pour ſçavoir ce qu'on gagneroit, ou
» ce qu'on riſque à ſe faire inoculer,
» il ne ſuffit pas d'avoir égard au dan-
» ger que l'on court en un mois de
» mourir de la petite vérole naturel-
» le ; il faut ajouter à ce danger celui
» que l'on court de mourir de la mê-
» me maladie dans les mois ſuivans,
» juſqu'à la fin de la vie ; & que, quand
» on pourroit apprécier exactement
» ce danger pour chaque mois pris
» ſéparément, comment apprécier
» enſuite le riſque total réſultant de la
» ſomme de ces riſques particuliers ?
» &c. «

Il me paroît, monſieur, que rien de
ce que vous exigez là n'eſt néceſſaire ;
qu'il ne l'eſt pas même d'examiner le
danger que l'on court de mourir de la
petite vérole naturelle dans un mois
& dans les mois ſuivans ; que cette

(*) Opuſ. mat. pag. 29 & 30.

façon de conſidérer le danger eſt trop vague ; qu'elle ne donne point un temps fixe à comparer avec un autre temps fixe, ni un danger inſtant & préſent à comparer avec un autre danger inſtant & préſent , comme vous le deſirez ailleurs avec raiſon. Pour avoir donc ce temps fixe & ce danger inſtant, il falloit diſtinguer le danger de mourir de la petite vérole naturelle en danger éloigné & en danger préſent. Le danger éloigné eſt celui que l'on court avant d'être attaqué, le danger préſent eſt celui que l'on court lorſque l'on eſt atteint de cette maladie ; diſtinction qui n'eſt pas frivole : on ne meurt pas d'une maladie par la ſeule crainte de l'avoir, il faut de plus en être attaqué.

Si vous me demandez maintenant ce qu'il faut faire pour déterminer l'avantage de l'inoculation, je vous ré-

pondrai qu'il faut & qu'il suffit d'examiner , d'une part , ce que l'inoculé
rifque , & les hafards qu'il a pour perdre fa mife ; & de l'autre , ce que rifque le malade naturellement atteint
de la petite vérole , & les hafards qu'il
a contre lui : & que , n'y ayant point
d'autres chofes à examiner , l'avantage de l'inoculation eft en raifon compofée d'une part des années que rifque l'inoculé , & des hafards qu'il a
pour les perdre ; & d'autre part , des
années que rifque celui qui eft atteint
de la petite vérole naturelle , & des
hafards qu'il a pour les perdre.

Je fuppofe deux perfonnes du même âge , attaquées en même temps de
cette maladie ; l'un qui l'a reçue par
inoculation , & l'autre des mains de
la nature. L'expérience prouve que ,
de trois cent inoculés , il n'en meurt
qu'un ; & que , de huit fujets atteints de
la petite vérole naturelle , il en meurt

un. L'avantage de l'inoculé est donc de trois cent à huit , puisqu'ils risquent tous deux également chacun une égale portion de leur vie moyenne. Mais , si l'inoculé étoit au commencement de sa carrière , & que le malade de la petite vérole naturelle fût au milieu de sa vie moyenne ; si l'inoculé risquoit soixante ans , tandis que l'autre n'en risqueroit que trente , l'avantage de l'inoculé diminueroit de la moitié , & ne seroit plus que de trois cent à seize, c'est-à-dire que les risques des deux malades seroient en raison composée directe des hasards auxquels chacun d'eux est exposé , & inverse des années qu'il risque. Or , les hasards sont par l'hypothèse 300 & 8, les années risquées sont 60 & 30 , dont l'inverse est 30 , 60 ; la raison composée sera donc celle de 300 × 30 à 8 × 60, ou de 300 à 16 : l'avantage de l'inocula-

A iv

tion eſt donc au moins de 300 à 16, ou de $18\frac{3}{4}$ à 1.

On dit au moins, parce qu'on a ſuppoſé le malade atteint de la petite vérole naturelle au milieu de ſa vie moyenne ; ſuppoſition tout-à-fait au déſavantage de l'inoculation, puiſque beaucoup plus de perſonnes ont la petite vérole dans la première moitié de leur vie moyenne, que dans la ſeconde.

Vous dites, monſieur, que ces riſ- ques (de la petite vérole) s'affoiblif- ſent en s'éloignant. Cette propoſition eſt vraie, dans le ſens que moins de gens ont la petite vérole dans la jeuneſſe que dans l'enfance ; moins l'ont dans l'âge mûr, que dans la jeu- neſſe : mais elle eſt fauſſe en ce que plus on l'a tard, plus elle eſt dange- reuſe. Cependant je vous accorde que votre propoſition ſoit vraie dans tous les ſens : que le danger s'éloigne ou s'affoibliſſe, il n'en eſt pas moins vrai

qu'en lui-même c'est un danger confidérable; & il n'en fera pas moins, dans
les règles de la prudence , de fubftituer à un danger confidérable un danger beaucoup moindre.

» Ces dangers s'affoibliffent, dites-
» vous , en s'éloignant, non feule-
» ment par la diftance où on les
» voit, diftance qui, tout à la fois,
» les rend incertains , & en adoucit la
» vue ; mais, par l'efpace de temps
» qui doit les précéder, & durant
» lequel on doit jouir de l'avantage
» de vivre «.

Où avez-vous pris , monfieur, permettez-moi de vous faire cette queftion , que l'éloignement d'un danger
le rendît incertain? La mort eft-elle
moins certaine pour une jeune perfonne, qui l'envifage dans l'éloignement, que pour un vieillard qui a
déjà un pied dans le tombeau ? L'é-

loignement d'un danger en adoucit la vue , cela n'eſt pas douteux ; mais entre ceux qui n'ont encore pas payé le tribut à la petite vérole , qui pourroit regarder ce danger comme éloigné , à moins qu'on ne le compare au danger actuel que court celui qui reſſent déjà les atteintes de la maladie ? Le danger de s'en voir ſurpris eſt toujours éminent, il croît à chaque inſtant ; & il prend de nouvelles forces, toutes les fois qu'une épidémie revient.

» Le danger s'affoiblit encore , » dites-vous , par l'eſpace de temps » qui doit le précéder , & durant le- » quel on doit jouir de l'avantage de » vivre «.

Ah ! monſieur, jettez les yeux ſur celui qui ſe voit en proie à cette horrible maladie, au moment où il y penſe le moins. Quels ſeront ſes regrets , de n'avoir pas profité d'une découverte aussi utile que celle de l'inoculation ! & de n'avoir pas exposé sa vie entière, à un péril qui n'étoit que d'un à deux cent quatrevingt dix-neuf, pour ne pas voir ce qu'il lui reste de jours exposé à un danger qui est de sept à un ! Qu'il sera peu sensible au plaisir d'avoir vêcu dix ou vingt années, se voyant prêt à perdre trente ou quarante ans qu'il auroit pu espérer de vivre, ou au moins dans un danger imminent de les perdre ! D'ailleurs, on ne disconvient pas que l'espace de temps qui doit précéder la petite vérole naturelle, durant lequel on doit jouir de l'avantage de vivre, ne doive entrer en ligne de compte pour diminuer les avantages de l'inoculation : c'est aussi ce qu'on a pas obmis dans le calcul qu'on a donné, où on a supposé que l'attaqué de la petite vérole naturelle ne mettoit au jeu ou ne rif-quoit que la moitié de fa vie moyen-ne, & où on lui accordoit l'avantage d'avoir vêcu l'autre moitié.

Vous ajoutez, monfieur, qu'il fau-droit pouvoir déterminer fuivant quel rapport un rifque de cette efpèce di-minue, quand on l'envifage dans le lointain, & fuyant, pour ainfi dire, devant nous; problême qui vous pa-roît infoluble. Qu'entendez-vous, monfieur, par la diminution & la fuite de ce rifque ? Entendez-vous que quelqu'un qui a vêcu vingt ou trente ans a mis d'autant fa vie moyen-ne à couvert ; & que, fi la petite vé-role l'attaque, il n'y aura plus d'ex-pofé qu'un refte de fa vie moyenne? Si c'eft là ce que vous entendez, nous y avons fatisfait dans notre calcul, ayant comparé les années que rifquoit l'inoculé à la moitié feulement de la vie moyenne du malade atteint de la petite vérole naturelle. Entendez-vous, par la diminution & la suite de ce péril, que plus de gens ont la petite vérole dans l'enfance & la jeuneſſe, que dans un âge avancé ; & que, quand on a paſſé ces doux périodes, on n'a plus déſormais tant de riſques à courir ? Je conviens que, ſi c'eſt là ce que vous entendez, nous n'avons pas donné un calcul exact de l'avantage de l'inoculation ; & que, pour y parvenir, il faudroit avoir des obſervations qui déterminaſſent combien de perſonnes ſont atteintes de la petite vérole dans l'enfance, combien dans la jeuneſſe, combien dans les différens âges : mais, au défaut de ces obſervations exactes, & en attendant qu'on les faſſe, on a ſuppoſé, dans la ſeconde partie de la ſolution donnée dans le mercure du mois de juillet

1761, qu'une moitié du monde étoit atteint de cette maladie depuis quatre ans jusqu'à quatorze, un quart depuis quatorze jusqu'à vingt-quatre, &c. On a trouvé que l'avantage de l'inoculation étoit de $28\frac{41}{128}$ à un : mais, si au lieu de diviser $1812\frac{1}{2}$ par 64, comme on a fait par erreur dans ce calcul, on l'eût divisé par 60 comme il falloit, on eût eu pour solution $30\frac{1}{4}$ contre un ; & ce problême, qui vous paroît insoluble, me paroît à moi résolu par-là. Quand on aura des observations exactes, on les mettra à la place des suppositions que j'ai faites, & on aura une solution un peu plus approchante ; mais il ne faudra pas s'y prendre autrement. Je joins à ma lettre cette seconde partie de la solution.

Vous ajoutez, monsieur, que, quand la solution de ce problême seroit possible, elle seroit vraisembla-

blement différente pour chaque individu, eu égard aux circonstances où
il se trouve. Quoi ! monsieur, si je
trouve que l'avantage de Pierre à se
faire inoculer soit tel, je ne pourrai
pas conclure que celui de Paul sera le
même, si Paul n'est pas dans un cas
d'exception particulière ? que si Pierre
a dix ans, & que Paul en ait vingt,
je dois calculer l'avantage de l'inoculation pour l'âge de dix ans & pour
l'âge de vingt ?

Il est singulier, monsieur, que vous
fassiez un espèce de reproche à M.
Bernoulli d'avoir appuyé son calcul
sur des observations douteuses. Sans
doute qu'il a pris toutes les précau-
tions qui dépendoient de lui, pour découvrir qu'elles étoient les observations les plus exactes. Il devoit d'autant moins s'attendre à ce reproche de
votre part, que vous convenez que

les difficultés de cette espèce ne peuvent empêcher de fixer par le calcul les avantages de l'inoculation , que vu l'imperfection actuelle de nos connoissances.

La façon dont M. Bernoulli a cherché les avantages de l'inoculation , lui a donné le même résultat que la première partie de notre méthode (*), quoiqu'il ait supposé que de deux cent inoculés il en meurt un , & que nous ayons suivi votre supposition , qui n'est qu'un sur trois cent. Nous aurions donc dû trouver un résultat plus avantageux que M. Bernoulli ; c'est aussi ce que nous trouvons par la seconde partie de notre méthode , où les suppositions font plus approchées du vrai.

Le point de vue sous lequel M. Bernoulli fait considérer l'avantage de

(*) Celle où l'avantage se trouve de $18\frac{3}{4}$ à 1.

l'inoculation

l'inoculation, n'eſt pas auſſi flatteur que celui ſous lequel nous l'avons enviſagé. De-là, vous avez pris occaſion d'annoncer l'avantage qui réſulte de ſon calcul comme peu conſidérable, & ne méritant pas qu'on s'expoſât à l'inoculation ; enfin peu capable de toucher aſſez une mère, pour lui perſuader d'expoſer ſon enfant à un péril inſtant & préſent, pour un bénéfice médiocre & éloigné. S'agit-il, monſieur, de parler à l'imagination, ou à la raiſon ? Et, ſi on parle à la raiſon, pourra-t-elle s'empêcher de convenir, que d'augmenter la vie moyenne des hommes de 4 ans, ne ſoit un avantage immenſe pour la ſociété ? Si, ſur huit perſonnes, elle ne gagne que trente-deux ans, ſur dix mille elle gagnera quarante mille ans. Quelle quantité d'opérations & de travaux utiles ne pourront pas être produits durant quarante mille ans dé plus ! Il ne s'agit pas de vous prouver le bien qu'apporte à la société & à l'état l'augmentation de la vie moyenne de quatre ans de plus, puifque vous n'en doutez pas; mais vous ne croyez pas que ce foit un avantage affez confidérable pour les particuliers, pour pouvoir, par exemple, „ déterminer „ un homme de trente ans à fe faire „ inoculer, lorfqu'il eft dans la force „ de fa fanté & de fa jeuneffe, pour „ l'avantage éloigné de vivre quatre „ ans de plus, lorfqu'il fera beaucoup „ moins en état de jouir de la vie. „

Vous vous faites une idée fauffe, monfieur, permettez-moi de vous le dire, de la façon dont l'avantage de l'inoculation fe répand fur les particuliers. Suppofons que de huit perfonnes fept vivent foixante-quatre ans, & une trente-deux; le total de leur vie fera de quatre cent quatre vingt ans, qui, diftribués également entre les huit perfonnes, feroient à chacune foixante ans. Si, au moyen de l'inoculation, la huitième perfonne, qui auroit été la victime de la petite vérole naturelle à trente-deux ans, vit trente-deux autres années, alors elles auront vêcu les huit enfemble cinq cent douze ans ; ce qui eft pour chacune foixante-quatre ans de vie. Et remarquez, s'il vous plaît, monfieur, que ce ne feront pas feulement quatre années de vieilleffe que gagne chacun des huit particuliers, mais que voilà trente - deux années, dont la plupart de fanté & de vigueur, ajoutées à la vie de la huitième perfonne que l'inoculation aura arrachée des mains de la Parque.

Vous croyez appuyer votre raifonnement, en apportant la comparai-

fon, » que celui qui fe fait inoculer
» eſt à peu près dans le cas d'un joueur
» qui riſque un contre deux cent de
» perdre tout fon bien dans la jour-
» née , pour l'eſpérance d'ajouter à
» ce bien une femme inconnue , &
» même aſſez petite au bout d'un nom-
» bre d'années fort éloigné , & lorf-
» qu'il fera beaucoup moins fenſible
» à la jouiſſance de cette augmenta-
» tion de fortune «.

Mais, de grace, monfieur, faites
attention combien cette comparaifon eſt défectueufe : perfonne n'eſt
obligé de rifquer tout fon bien au jeu;
& ce feroit toujours une grande imprudence de compromettre de la forte
fa fortune , quelque avantage qu'on
reçut, & fur-tout pour ne jouir que
d'un médiocre gain, & dans un temps
fort éloigné. Il n'en eſt pas de même
de la petite vérole : c'eſt un trifte jeu,

où tout le monde, qui en porte le germe, est obligé de jouer, à moins qu'un décès prématuré n'en prévienne le développement, exception à laquelle personne n'aspire par des vœux. On ne joue donc ce jeu, lors de l'inoculation, que pour s'empêcher de le jouer dans un autre temps, & à des conditions bien plus défavantageuses. Une autre raison de disparité, c'est qu'aussitôt qu'on est hors de la maladie légère qu'à causée l'inoculation, on commence à jouir du gain qu'on y a fait : sçavoir, de l'assurance d'avoir mis à couvert sa vie, ses yeux, & une femme sa beauté, avantage auquel le sexe n'est guère moins attaché qu'à l'être même ; au lieu que, dans votre hypothèse, il faut attendre les quatres dernières années de sa vie, pour jouir d'une somme fort médiocre qu'on auroit gagnée.

Vous étendez encore cette idée par un raisonnement auquel vous priez qu'on fasse attention. Eh bien, monsieur, allons, suivons votre raisonnement pied à pied; & nous espérons vous montrer qu'il n'a pas autant de force que vous le pensez.

» Si, dites - vous , l'inoculation » étoit avantageuse par cette considé- » ration seule, que la vie moyenne » des inoculés est plus longue que cel- » les des autres hommes, elle seroit » d'autant plus avantageuse, qu'elle » augmenteroit davantage la vie » moyenne : or, il est aisé d'imaginer » une infinité d'hypothèses, où l'ino- » culation augmenteroit énormément » la vie moyenne, & où néanmoins » on seroit très-imprudent de se sou- » mettre à cette opération «.

Pourquoi voulez-vous, monsieur, qu'on n'envisage les avantages de l'inoculation ; que fous le point de vue qu'elle augmente la vie moyenne ? Si M. Bernoulli l'a envifagée de cette façon, d'autres l'ont confidérée fous des points de vue différens. Il eft vrai qu'on ne fçauroit tirer avantage de cette opération, fans augmenter la vie moyenne des hommes ; & que la vie moyenne ne peut être augmentée par fon moyen, fans que cette opéo-ration foit profitable. Mais, monfieur, on vous paffe votre fuppofi-fion, & on vous accorde la majeure de votre raifonnement, que l'inoculation eft d'autant plus avantageufe, qu'elle augmente la longueur de la vie moyenne : cependant on vous nie pofitivement la mineure, qu'on puiffe imaginer une infinité d'hypothèfes,où l'inoculation augmenteroit énormément la longueur de la vie moyenne, & où néanmoins il feroit très-impru-

B iv

dent de s'y foumettre. Eft-ce bien fé-
rieufement, monfieur, que vous prétendez qu'on peut augmenter énormément la longueur de la vie moyenne, fans que les particuliers, en faveur
de qui fe fera cette augmentation, en
reçoivent de l'avantage? Ne faudroit-
il pas fuppofer pour cela, que cette
augmentation de vie ne fe pafferoit
que dans les maux, les peines, & les
fouffrances? Quoi! monfieur, augmenter la vie moyenne de trente
ans, la porter de cinquante à quatrevingt, vous paroît un avantage fi
mince, pour qu'on ne puiffe l'acheter
raifonnablement par un rifque de un
à quatre, comme vous le fuppofez;
tandis qu'on court tous les jours des
rifques bien plus confiderables, pour
augmenter feulement fa fortune; tandis qu'on expofe fa vie fur une frêle
machine, compofée d'ais mal coufus

enſemble, pour traverſer, d'un bout à l'autre, le vaſte océan, pour faire le tour du globe, & ſouvent par pur curioſité ?

Vous penſez que, dans le cas que vous citez, la vie moyenne des inoculés ne ſeroit augmentée que de trente ans. Elle le ſeroit de cinquante. « Je » ſuppoſerai, dites-vous, que la plus » longue vie de l'homme ſoit de cent » ans ; que la petite vérole ſoit la » ſeule maladie mortelle, & que cette » maladie enlève tous les ans un nom- » bre égal d'hommes : dans ce cas, » la vie moyenne de ceux qui atten- » droient la petite vérole ſeroit de » cinquante ans. Je ſuppoſe enſuite » que l'inoculation, une fois prati- » quée, délivre de la petite vérole » pour tout le reſte de ſa vie ; & que, » par conſéquent, les inoculés ſoient » ſûrs de vivre cent ans, s'ils échap-

» pent à l'inoculation : mais que cette
» opération enlève une victime fur
» cinq. Cela pofé, il eft très-aifé de
» voir que la vie moyenne de ceux
» qui feront inoculés fera les quatre
» cinquièmes de cent ans, c'eft-à-di-
» re, de quatrevingt ans, & par con-
» féquent de trente années plus gran-
» de, que la vie moyenne de ceux qui
» s'abandonneront à la nature «.

Voici, monfieur, ce qui arriveroit dans le cas que vous citez. De cent perfonnes qui vivroient chacune cent ans, la totalité de la vie feroit de dix mille ans : le virus de la petite vérole réduifant leur vie moyenne à cinquante ans, elles ne vivront plus toutes enfemble que cinq mille ans. Si elles adoptent l'inoculation, un cinquième d'elles, dans votre fuppofition, fuccombant dans l'opération, leur nombre fera réduit à quatrevingt, dont la vie de tous enfemble fera de huit mille ans. Or, partagez ces huit mille ans entre ces quatrevingt, ce fera à chacune cent ans; donc la vie moyenne des réchappés de l'inoculation fera de cent ans, & non de quatrevingt; donc leur vie aura été augmentée par l'inoculation de cinquante ans, & non de trente feulement. Vous avez cru, fans y faire beaucoup d'attention, que les huit mille ans devoient fe répartir fur les cent perfonnes inoculées; ce qui auroit fait pour chacune quatre-vingt ans de vie moyenne. Mais vous auriez pu prendre garde que les vingt perfonnes qui ont fuccombé dans la maladie de l'inoculation n'ont eu au-cune part à ces huit mille ans de vie, qui ont été diftribuées entre les qua-trevingt perfonnes réchappées de la petite vérole; ce qui a fait à chacune cent ans de vie. Elles ont couru le rifque d'un cinquième de perdre toute leur vie : mais, à ce prix , & par le courage de ceux qui leur ont fait courir ce rifque , elles en ont doublé le cours.

Vous voyez donc , monfieur, que, dans le cas que vous imaginez, on peut comparer l'inoculation à un jeu où ce qu'on rifque de perdre eft égal à ce qu'on rifque de gagner , & où il y a quatre contre un à parier qu'on gagnera. Et, malgré cela, vous dites qu'il feroit très-imprudent de fe faire inoculer dans ce cas ! Une pareille affertion avoit befoin de fortes preuves ; & vous n'en donnez point d'autre que celle-ci :»Cependant je doute » que, dans ce même cas, perfonne » voulût prendre le parti de fe faire » inoculer, par la raifon que le rifque » de mourir de l'inoculation, étant un » danger inftant & préfent, & fe trou-

» vant d'un contre quatre, est plus que
» suffisant pour balancer la certitude
» de vivre cent ans, après avoir échap-
» pé à cette opération «.

Quoi ! monsieur, parce que vous
imaginez ou supposez les hommes
assez foibles ou assez inconséquents
pour n'oser se livrer à un danger ins-
tant & présent, dont ils tireront un
avantage considérable s'ils en réchap-
pent, sera-ce une raison pour qu'ils
ne doivent pas s'y exposer ? S'il étoit
en leur pouvoir d'accepter le parti
énoncé dans votre hypothèse, & qu'ils
le refusassent, ils marqueroient en
effet la plus grande inconséquence ;
puisque, comme nous l'avons déjà
observé, ils s'exposent tous les jours,
& en grand nombre, à des dangers qui
sont en raison plus prochaine que
d'un à quatre, & même souvent plus
qu'au pair, pour des profits & incer-

tains & infinimens moindres que celui de doubler leur vie.

En pouſſant votre hypothèſe un peu plus loin, je vais encore vous prouver que, loin de commettre une imprudence en ſe faiſant inoculer, il ſeroit au contraire très-imprudent de ne ſe pas ſoumettre à cette opération. Je ſuppoſe deux villes, compoſées chacune de cent mille perſonnes; que les habitans de l'une confient leurs jours à l'inoculation; & que, dans l'autre, on la rejette comme préjudiciable. Les habitans de la première ville, après avoir ſubi l'inoculation, que je ſuppoſe avec vous fatale à un ſur cinq, ſeront réduits à quatrevingt mille; & ceux de la ſeconde ville reſteront au nombre de cent mille: vingt ans après, la ſeconde ville ſera pareillement réduite à quatrevingt mille habitans, la petite vétite vérole, feule maladie mortelle dans votre fuppofition, en ayant enlevé mille chaque année. Quels cuifans chagrins n'auront pas alors les habitans de cette feconde ville de n'avoir pas été inocués? Nous voilà, diront-ils, maintenant réduits à quatrevingt mille comme nos voifins; mais nous fommes expofés à voir chaque année périr mille d'entre nous; nous fommes même fûrs de ce fatal événemens: &, tandis que les habitans de l'autre ville font certains de fournir une carrière d'un fiècle entier, mille feulement d'entre nous auront ce bonheur. Combien cette autre ville ne va t-elle pas devenir plus nombreufe & plus floriffante que la nôtre? Qu'il eft fatal pour nous de n'avoir pas fçu nous déterminer felon les règles de la prudence & de nôtre intérét bien entendu, d'avoir refufé un auffi grand avantage qui nous étoit offert, & d'avoir été arrêtés par une crainte qui n'étoit pas digne de gens qui fçavent penfer, & qui n étoit appuyée que par le préjugé, toujours ennemi de la vérité !

Ce n'eft pas tout, monfieur. Par le raifonnement auquel vous priez qu'on faffe une attention fingulière, & les hypothèfes dont vous l'appuyez, vous changez l'état de la queftion. Il ne s'agit plus de déterminer l'avantage de l'inoculation, & de fçavoir fi on peut l'apprécier par le calcul, puifque vous-même convenez de l'avantage, & l'appréciez (& nonobftant cela vous diffuadez l'opération) : mais il s'agira de déterminer quel doit être le dégré d'extenfion de cet avantage, pour pouvoir déterminer des mères imbécilles, ou des gens que le préjugé empéche de raifonner. Or je vous

ayoue

avoue que ce problême eſt inſoluble. Oui, monſieur: en quelque hypothèſe que vous puiſſiez imaginer, la queſtion eſt réſolue, quand on trouve que la vie moyenne eſt augmentée, quelque peu conſidérable que ſoit l'augmentation, ne fut-elle que de deux jours, comme le prétend M. Bernoulli; parce qu'il ne peut jamais être imprudent, entre deux partis, de choiſir celui pour lequel il y a quelque avantage de plus, ſi mince qu'il ſoit. Si quelqu'un demande un avantage conſidérable pour ſe déterminer, cela ne fait rien à la queſtion: l'avantage eſt tel, en profitera qui voudra.

Jamais la queſtion ne conſiſte, comme vous le prétendez, *pag.* 32, » dans » le rapport qui eſt entre le riſque » d'une part, & de l'autre l'augmen- » tation de la vie moyenne; ou plutôt » l'avantage que doit procurer cette

» augmentation , relativement au
» temps & à l'âge où l'on doit en
» jouir «. Cet énoncé, augmentation
de vie moyenne , relativement au
temps & à l'âge où l'on en doit jouir,
ne signifie rien du tout. C'est se faire
unefausse idée de la vie moyenne &
de ses augmentations. Vie moyenne
n'est que la somme des années qu'une
collection d'individus a vêcu, distri-
buée par fiction également entre tous ;
ce qui n'empêche pas que chacun n'ait
joui réellement d'une portion différente. Augmenter la vie moyenne,
c'est augmenter la somme des années
que plusieurs personnes auroient vêcu dans un autre cas ; en sorte que,
partageant également entr'elles cette
somme avec son augmentation, la vie
se trouve augmentée fictivement
d'un même nombre d'années pour
chacun : mais, dans la réalité, tous joui-

ront inégalement de cette fomme d'années de vie, & fon augmentation même ne fera qu'en faveur de quelques-uns. A quel âge vous placerez l'augmentation de la vie moyenne ? eft donc une pure chimère.

Puifque vous avez des idées fi éloignées de ce que c'eft que la vie moyenne, & que par conféquent bien d'autres doivent s'en faire d'auffi peu juftes, je crois néceffaire d'apporter encore quelque développement à cette matière. Il ne faut pas croire que la vie réelle de chaque individu d'une fociété, qui aura adopté l'inoculation, foit augmentée. Moi qui ai eu la petite vérole, & mes concitoyens qui l'ont eue comme moi & qui en font réchappés, quand nous aurions été inoculés, nous n'en viverions pas un jour de plus ; nous n'aurions pas augmenté le cours de notre vie d'un inſtant; & de ceux qui ont été inoculés, les ſept huitièmes ſont dans le même cas que nous : la ſeule huitième partie d'entre eux, qui étoit deſtinée à ſuccomber ſous la petite vérole naturelle, jouit du bénéfice de l'augmentation de vie, & le reſte de la ſociété n'en jouit que par les avantages qu'elle tirera de la vie prolongée à un grand nombre de citoyens. Cela n'empêche pas que, quoique tous ceux qui ſe font inoculer n'augmentent pas leurs jours pour cela, qu'il ne ſoit également raiſonnable à tous de ſe faire inoculer ; parce que perſonne ne ſçait s'il ne ſera pas du nombre de cette huitième partie qui doit être la victime de la petite vérole naturelle.

Par un calcul qu'on vient de faire, dites-vous , *pag.* 41. 42 & 43. le nombre de ceux qui meurent à Paris de la petite vérole, année commune, eſt tout au moins d'un ſur trois mille en un mois, & par conſéquent d'un ſur mille en trois mois. Or, ſi la mé-thode d'inoculer étoit perfeﬅionnée au point que, de mille inoculés, il n'en mourût qu'un, le riſque de mourir de la petite vérole naturelle en trois mois feroit le même que celui de mourir de l'inoculation dans un mois. Or, riſquer de mourir au bout d'un mois, ou dans l'eſpace de trois, c'eﬅ à peu près la même choſe pour le commun des hommes : donc on ne devroit pas balancer à ſe faire inoculer.

Permettez-moi, monſieur, de vous demander pourquoi vous reﬅez en ſi beau chemin, & pourquoi vous ne pouſſez pas un peu plus loin ce rai-ſonnement? Que vous ne dites pas, La méthode d'inoculer eﬅ perfeﬅionnée au point, que, de trois cent inoculés, il n'en meurt qu'un ; le riſque de mourir de la petite vérole eſt d'un ſur trois mille en un mois, & par conſéquent d'un ſur trois cent en dix mois. Or, riſquer de mourir dans un mois ou dans l'eſpace de dix, eſt à peu près la même choſe pour le commun des hommes : donc qu'il n'y en a point qui doive balancer à ſe faire inoculer.

Vous m'avouerez que ce raiſonnement, qui deviendroit défectueux ſi on le pouſſoit trop loin, & ſi de proche en proche on venoit juſqu'à dire, qu'il ſeroit égal de mourir dans trois mois, ou dans quelques années, eſt dans toute ſa force, quand on borne l'eſpace au-deſſous d'un an, y ayant bien peu de perſonnes qui ne regardaſſent comme égal de perdre ſon fils ou ſon ami, dans l'eſpace d'un mois, de trois, ou de dix. Enfin, monſieur, par votre raiſonnement, cette grande queſtion, s'il eſt avantageux ou déſavantageux de pratiquer l'inoculation, se réduit à ce seul point : s'il est égal de mourir dans trois mois ou dans dix, ou s'il est égal de perdre ce qu'on a de plus cher dans l'un ou l'autre de ces deux termes. Dans une dissertation faite pour prouver qu'on ne peut point soumettre l'inoculation au calcul des probabilités, vous même, monsieur, trouvez plusieurs façon de l'y soumettre ; & cette dernière m'en paroît une excellente, & il est facile d'en réduire l'avantage en équation. On peut donc conclure de votre dissertation, que vous avez apporté beaucoup de difficultés contre l'application du calcul à cette matière ; qui n'en sont réellement point ; & que vous avez trouvé plusieurs façons de fixer l'avantage de l'inoculation, sans vouloir convenir qu'elles dussent déterminer à la pratiquer. Il est donc

C iv

vrai que les erreurs même d'un grand homme, qui paie en y tombant le tribut à l'humanité, font accompagnées d'idées lumineufes qui jettent du jour fur le fujet. Mais plus un nom illuftre eft propre à les répandre, plus il eft néceffaire de les réfuter. J'aurois fort fouhaité que quelque athlète, plus digne de fe mefurer avec vous, fe fût chargé de cette tâche : car je ne reconnois pas feulement, comme l'abbé de Saint-Pierre, que je ne fuis pas éloquent ; mais j'ai même affez de goût pour que mon ftile me déplaife, & par malheur trop de pareffe pour refondre ce que peut-être je pourrois faire mieux. Mais dans une matière qui appartient plus aux mathématiques qu'à la littérature, on peut fe flatter d'obtenir grace pour le ftile, en faveur de la vérité, quand c'eft l'unique but qu'on fe propofe.

On réunit ici les deux parties de l'application du calcul des probabilités à l'inoculation.

PROBLEME.

Déterminer quel est le désavantage d'attendre la petite vérole naturelle, relativement à celui de se la faire donner par inoculation ; ou, ce qui revient au même, trouver l'avantage de l'inoculation.

Il n'y a que deux chofes à confidérer, foit dans la petite vérole naturelle, foit dans l'artificielle : les hafards qu'on court, & le nombre des années qu'on s'expofe à perdre. Le défavantage de la première eft donc au défavantage de la feconde, en raifon compofée du danger que l'on court dans un cas, & des années de vie qu'on perdroit en succombant, comparé au danger que l'on court dans l'autre cas, & des années qu'on s'expose à perdre. On suppose que, de 300 inoculés, il en meurt un; que, dans la petite vérole naturelle, de 8 il en succombe un; que la vie moyenne des hommes soit 64 ans; qu'on inocule un enfant de 4 ans; que la petite vérole naturelle atteigne une personne de 34 ans : par conséquent, dans le milieu de la carrière de 4 ans à 64, les hasards du malade attaqué de la petite vérole naturelle sont $\frac{1}{8}$, & ceux de l'inoculé $\frac{1}{300}$. Le désavantage du premier seroit au désavantage du second, comme 300 à 8, si l'un & l'autre risquoient le même nombre d'années : mais le premier ne risque que 30 ans, & le second en risque 60; le désavantage de celui-là est donc au désavantage de celui-ci, en raison composée de ces quatre termes ; 300, 8 , 30, 60, c'est-à-dire, de 300 × 30, & de 8 × 60, ou de 300 à 16. Mais comme ce qui est désavantage pour un côté, est avantage pour l'autre, l'avantage de l'inoculation est de 300 à 16.

On a fait une supposition trop désavantageuse à l'inoculation, en supposant que celui qui attend la petite vérole naturelle n'en sera attaqué qu'au milieu de sa carrière. Il est bien peu de personne qui n'ait cet ennemi à combattre plutôt. Pour faire un calcul plus exact, je distribuerois les époques où l'on a cet assaut à soutenir de la manière suivante : depuis 4 ans jusques à 14, une moitié du monde a la petite vérole ; depuis 14 jusques à 24, $\frac{1}{4}$; depuis 24 jusques à 34, $\frac{1}{8}$; depuis 34 jusques à 44, $\frac{1}{16}$; depuis 44 jusques à 54, $\frac{1}{32}$; depuis 54 jusques à 64 encore $\frac{1}{64}$.

Pour trouver le défavantage de celui qui attendroit la petite vérole naturelle, & chez qui elle devroit se déclarer dans les dix premières années, relativement au défavantage qu'il auroit eu en se faisant inoculer à 4 ans, la petite vérole pouvant se manifester dans les premières ou dans les dernières années des 10, il faut prendre un terme moyen entre 10, qui est 5, & supposer qu'il aura la petite vérole à 9 ans, & courra risque de perdre 55 années de vie. On aura donc, pour les termes des rapports dont il faut chercher la raison composée, 300, 8, 55, 60, & cette raison sera 16500 à 400, ou $34\frac{15}{4}$ à 1 ; on trouvera de même que le défavantage d'attendre la petite vérole, si le germe doit se manifester dans la seconde dixaine de la vie de l'enfant, sera $28\frac{1}{3}$ à 1 ; & , s'il se manifeste dans la troisième dixaine, il sera $21\frac{7}{8}$ à 1 ; s'il se manifeste dans la quatrième dixaine, il sera $9\frac{3}{8}$ à 1 ; &, s'il se manifeste dans la sixième & dernière dixaine, il sera $3\frac{3}{8}$ à 1. Si la petite vérole doit se déclarer dans la première dixaine, le désavantage est $34\frac{15}{40}$; si elle doit se déclarer dans la seconde dixaine, le désavantage est de $28\frac{1}{8}$. Mais comme elle a 32 personnes à attaquer dans la première dixaine, contre 16 dans la seconde ; ou, ce qui est la même chose, qu'il y a 32 contre 16, qu'elle se déclarera plutôt dans la première dixaine que dans la seconde, je multiplie $34\frac{15}{40}$ par 32, & $28\frac{1}{8}$ par 16 ; & j'ai 1100 pour le désavantage de la première dixaine, & 450 pour celui de la seconde : multipliant de même $21\frac{7}{8}$ par 8, $15\frac{5}{8}$ par 4, $9\frac{3}{8}$ par 2 & $3\frac{1}{8}$, aussi par 2, on aura pour les désavantages de ces quatre dixaines 175, $62\frac{1}{2}$,

$18\frac{3}{4}$ & $6\frac{1}{4}$; les défavantages des six di-xaines feront,

$$1100$$
$$450$$
$$175$$
$$62\frac{1}{2}$$
$$18\frac{3}{4}$$
$$6\frac{1}{4}$$

TOTAL. . $1812\frac{1}{2}$.

Et le total des défavantages fera $1812\frac{1}{2}$. Puis, divifant cette fomme par 60, on aura $30\frac{5}{24}$: de forte que le défavantage exact d'attendre la petite vérole dans la fuppofition que nous venons de faire, à celui de la recevoir par inoculation, eft de $30\frac{5}{24}$ à 1, & par conféquent l'avantage de l'inocu-lation fur la petite vérole naturelle de même $30\frac{5}{24}$ à 1, c. q. f. t.

L'avantage que nous avons tâché de déterminer, ne regarde que la vie.

Si on pouvoit foumettre au calcul (*) les autres avantages qu'on tire de cette falutaire opération, je fuis perfuadé qu'ils doubleroient le premier. Quel poids ne devroit-on pas donner à celui de délivrer pour toujours de la crainte d'une maladie fi dégoûtante & fi dangereufe ?

Ce n'eft donc que le préjugé & non la raifon, qui peut arrêter les mères, & les empêcher de livrer leurs enfans à l'inoculation ; préjugé qu'un vil intérêt à pu furmonter chez les femmes Circaffiennes & Georgiennes, & auprès duquel l'amour maternel n'a pas chez nous le même pouvoir. D'où l'on peut tirer ce corollaire honteux pour l'humanité, que l'intérêt eft un motif plus puiffant pour faire agir les

(*) Ce qui ne fera pas impoffible dans la fuite, fi on fait des obfervations concernant tous les autres avantages.

hommes ; que l'amour des pères &
des mères, quoique réputées avoir une
force si puissante dans la nature.

J'ai l'honneur d'être,

MONSIEUR,

Votre très-humble & très-obéissant ser-
viteur, MASSÉ DE LA RUDELIERE.

POST-SCRIPTUM.

COMME je n'ai pas deſſein d'en impoſer en faveur de l'inoculation, que je ne tiens à cette opération que par amour pour l'humanité, ſans eſpérance d'en voir jamais tirer aucun avantage à moi ou aux miens, je ne diſſimulerai pas qu'il eſt une conſidération qui diminue l'avantage du calcul que j'ai fait, laquelle je n'ai pas faite entrer en ligne de compte dans ce calcul.

La voici. C'eſt que, parmi ceux qui ſe font inoculer, il en eſt dont les jours ne doivent rien à la petite vérole, & qui par conſéquent ne tirent aucun avantage de cette opération : ce ſont ceux qui ſont deſtinés à mourir avant d'avoir eu cette maladie. Nous manquons d'obſervations pour ſoumettre

cette confidération au calcul : mais
on voit bien qu'elle ne fçauroit jamais
aller à un dixième. Qu'on diminue
donc, fi on veut, de cette aliquote,
l'avantage que nous avons trouvé par
notre calcul.

F I N.

DÉFENSE

DE LA DOCTRINE DES COMBINAISONS,

REÇUE DE TOUS LES GÉOMÈTRES.

ET

RÉFUTATION

du dixième Mémoire des Opuscules mathématiques de M. D'ALEMBERT.

LES mathématiques, malgré leur certitude, ont de tout temps, comme les autres sciences, été exposées aux incursions du pirrhonisme ; mais elles les ont toujours repoussées avec le plus grand avantage. L'éclat qui accompagne leurs vérités dissipe en peu de temps les ténèbres d'une opinion qui n'est fondée que sur des doutes, & qui n'est elle - même qu'un doute continuel.

Cependant , les vérités géométriques font aujourd'hui dans une fituation critique , où elles ne s'étoient jamais trouvées , & qui pourroit leur faire fouffrir une éclipfe de quelque durée , étant attaquées par un homme célèbre , qui eft lui-même grand géomètre , & de plus , philofophe & bel-efprit (1). Comme géomètre , quelle impreffion ne fera-t-il pas fur le public ? On dira, c'eft un homme du métier qui parle , qui ne cherche point à nous en impofer , qui nous découvre les fecrets de l'art : il faut l'en croire. Comme philofophe , il réduira au filence les géomètres qui s'en tiennent aux axiomes dont l'évidence les frappe , & qui ne fe font point familiarifés avec les fubtilités méthaphyfiques: Auffi a-t-on bien foin de leur annoncer qu'il n'y a que les géomètres philofophes capables de concevoir ces nouvelles vérités. Comme bel-efprit , il expliquera fes penfées avec tant de facilité , donnera un tour fi perfuafif à fa diction , que le ftile fec d'un géomètre aura peine , chez bien des gens ,

(1) Quelques lecteurs ont peut être befoin d'être avertis que la dénomination de bel-efprit fe prend en bonne part , à moins que le fens de la phrafe ne la détermine ironiquement ; ce qui affurément n'a pas lieu dans le cas préfent. Ce n'eft donc que pour ceux qui ne connoiffent pas la fignification abufive de ce mot, que je remarque que M. l'abbé Trublet dit que la dénomination de bel-efprit enchérit fur celle d'homme d'efprit.

(53)

à effacer l'impreſſion que le géomètre orateur aura produite, ſur-tout chez une nation qui fait ſouvent moins d'attention aux choſes qu'à la manière de les rendre.

I.

Il eſt ſurprenant que chaque branche des mathématiques n'ait pas eu ſon défenſeur. Je ne vois que la muſique théorique, celle qui en avoit le moins beſoin, qui ait trouvé un champion (M. Rameau), qui s'eſt cru attaqué, étant bien en état de défendre ſon art & ſa perſonne. Pour moi, je vais choiſir ma tâche, & prendre la défenſe de la doctrine des combinaiſons & du calcul des probabilités. Cette branche des mathématiques étant une des plus utiles, il eſt important qu'on ſçache qu'elle ne renferme pas le moindre doute. Que feroit-ce, ſi on pouvoit rendre ſuſpects les premiers principes ?

I I.

Comme il n'eſt point égal de quelle façon les vérités, & ſur-tout les principes, ſoient exprimés, & que la plus ſimple eſt toujours la meilleure & la moins propre à jetter dans des mépriſes, je vais rapporter les premiers principes du calcul des probabilités, d'une façon plus ſimple que celle que M. d'Alembert a choiſie : &, ſous cette forme, il ne ſera

aucun cas où on puisse les soupçonner d'être
en défaut.

AXIOME PREMIER.

Tout nombre, toute quantité, à l'exception de l'unité, est susceptible de combinaison.

AXIOME SECOND.

De toutes les combinaisons possibles, qui
dépendent du hasard, aucune n'a droit à
l'événement plutôt qu'une autre : (ou autrement), il n'y a aucune raison pour qu'un hasard ou une combinaison arrive plutôt qu'une
autre. Si on jette une pièce en l'air, il n'y
a aucune raison pour qu'elle tombe sur croix
plutôt que sur pile ; si on jette un dé d'un
cornet, il n'y a aucune raison pour qu'il
tombe sur une face plutôt que sur une autre.

Je me servirai indifféremment des termes
de hasard ou de combinaison, pour exprimer
les événemens possibles, contraires ou favorables aux joueurs.

Corollaire premier & Principe premier.

Les sommes que deux ou plusieurs joueurs
doivent parier, ou mettre au jeu, pour quelque événement que ce soit qui dépende du
hasard, doivent être entre elles comme le
nombre des combinaisons que chaque joueur
a en sa faveur. Si Pierre parie contre Jacques

» d'amener fix du premier coup , avec un dé
» ordinaire , il ne doit parier ou mettre au jeu
» qu'un écu, contre Jacques cinq écus ; parce
» qu'il n'a qu'une face du dé pour lui, & que
» Jacques en a cinq.

Corollaire 2.

Ce qui appartient à chaque joueur dans
l'argent du jeu eft comme les combinaifons
que chacun a en fa faveur. Si l'argent du jeu
confifte en deux écus ; que Pierre n'ait pour
lui que la face fix du dé , & que Jacques
ait toutes les autres faces en fa faveur , il
n'appartiendra à Pierre que $\frac{1}{6}$ des deux écus
ou vingt f. , & à Jacques les autres $\frac{5}{6}$ ou
cent fols. Ainfi , en quelque nombre que
foient les joueurs , pour fçavoir ce qui appartient à chacun, il faut dire, La totalité des
combinaifons eft aux combinaifons qui font
pour un tel, comme la totalité de l'argent
du jeu eft à ce qui lui appartient dans cet
argent : & faire autant de règles de proportion qu'il y aura de joueurs. Si, dans le cas
préfent de deux joueurs feulement , je nom-
me n les combinaifons qui font pour Pierre,
m celles qui font pourJacques, A la fomme de
l'enjeu , & x ce qui appartient à Jacques :
dans cette fomme , j'aurai $m + n$, $m :: $
$A . x.$ ce qui donnera $mx + nx = Am$
$$\frac{Am}{m+n} = \frac{10}{6} = \frac{5}{3} = 1\tfrac{2}{3}.$$ La valeur de x eft

donc ce qui appartient à Jacques dans l'argent du jeu; c'eſt ce que les analiſtes appellent le ſort de Jacques, qui eſt comme l'eſpérance qu'il avoit de gagner le tout, ou comme les combinaiſons qui étoient en ſa faveur.

Les deux corollaires contiennent le même principe pour deux cas différens: le premier, quand il s'agit de déterminer ce que chaque joueur doit mettre au jeu, pour jouer à jeu égal; le ſecond, pour déterminer le ſort des joueurs, ou ce qui appartient à chacun dans l'argent du jeu.

I I I.

C'eſt là le principe d'où les analiſtes ont parti pour fonder leur théorie ſur le calcul des probabilités. Tout homme qui refléchira ſérieuſement ſur cette matiere le trouvera; & tout homme qui frappera au but & donnera dans le vrai, s'accordera avec les Paſchal, les Deſcartes, les Bernoulli, les Huygens, les Montmort. La vérité n'eſt qu'une; & les géomètres de tous les tems & de tous les pays ſe ſont toujours accordé à la reconnoître, & n'ont différé que dans la maniere d'y parvenir. Quand on donne dans le vrai, une ſource de lumière s'ouvre pour vous, une chaîne de vérités s'offre à vos yeux : vous découvrez à chaque pas de nouvelles méthodes pour la ſolution des problêmes. Mais au

contraire, quand on manque le vrai, il ne s'offre plus à vos yeux qu'une mer d'incertitudes ;
vous ne vous trouvez plus d'accord avec les
géomètres ; & vos méthodes, liées avec celles
des autres analistes, ne feroient plus ce tout
homogene dont parle monsieur de Fonte-
nelles, & comme il se trouve dans l'analise
démontrée du Pere Raineau, quoique cet
ouvrage soit composé de tant de méthodes
réunies.

I V.

La doctrine des combinaisons est même
moins susceptible de difficulté que les autres
parties des mathématiques (2). Combien n'en
a-t-on pas faites sur la nature du point, de
la ligne, des angles ? Comment, a-t-on dit,
une sphere peut-elle toucher un plan ? si elle
le touche dans un point, ce point a de l'é-
tendue ou n'en a pas ; s'il a de l'étendue, la
sphere ne le touche pas par un seul point ; s'il
n'en a pas, la ligne est donc composée de ce
qui n'a point d'étendue ? Sont-ce des mona-
des ou autres choses d'aussi inintelligibles qui
en font les principes ? qui comprend la nature
des irrationelles ? combien ne pourroit-on pas
reprocher d'équivoques aux signes $+$ & $-$? La
racine quarée de $+4$ ne peut elle pas être ou
$+2$ ou -2 ? enfin, combien les infiniment

(2) Ces difficultés n'ont jamais ébranlé les vérités mathématiques.

D v

petits, cette géométrie si sublime, n'a t'elle
pas essuyé de contradictions ? les abbés Ga-
lois, les Sauveurs ne l'ont jamais adoptée.
Y a-t-il beaucoup de géomètres qui conçoi-
vent sa nature ? en est-il même quelqu'un ?
Bien des gens n'ont été assurés de la certitude
de ces calculs & de ces suppositions que parce qu'ils donnoient des solutions semblables
à celles qu'on avoit trouvées par d'autres méthodes connues & sures : il semble que monsieur le marquis de l'Hôpital en convienne
dans son analyse des infiniment petits, après
la solution du troisième problême, où il dit
ce que l'on sçait d'ailleurs être conforme à
la vérité.

V.

N'oublions pas de faire voir, que la façon d'exprimer les premiers principes du calcul des probabilités, qu'a choisie monsieur
d'Alembert, causeroit de l'embarras dans la
pratique, & obligeroit à des opérations inuti-
les qui auroient besoin de regles pour être
employées. Si Pierre parie contre Jacques
d'amener avec un dé ordinaire six du premier
coup, & que Jacques mette un écu au jeu ;
on demande ce qu'il faut qu'il donne à Pierre, pour qu'il doive aussi mettre un écu au
jeu. Je dis qu'il faut que Jacques lui donne
 d'écu, ou quarante sols : de six coups
Jacques doit en gagner cinq ; &, dans ces cinq

» coups, il retirera dix écus, cinq qu'il avoit
» mis au jeu, à chaque coup un, & cinq fois $\frac{1}{5}$
» d'écu qu'il avoit donnés à Pierre pour jouer
» à jeu égal ; il retirera donc vingt-cinq livres
» de son argent, & cinq livres que Pierre avoit
» mises du sien, & il ne gagnera dans ces cinq
» coups que cinq livres à Pierre : &, dans le
» sixième coup qui sera en perte pour lui, il
» perdra un écu qu'il avoit mis au jeu & qua-
» rante sols qu'il avoit donnés à Pierre pour
» jouer à jeu égal ; ainsi il perdra dans le sixiè-
» me coup les cinq livres qu'il avoit gagnées
» dans les cinq autres, ce qui prouve qu'il a
» dû donner $\frac{1}{5}$ de sa mise à Pierre pour jouer
» à jeu égal.

Ne voit-on pas qu'il eût été plus simple
que Jacques mettant un écu, Pierre eût mis
le cinquième de Jacques, douze sols ; ou que
mettant réellement cinq livres contre vingt
sols comme il a fait, il les eût d'abord mis au
jeu sans donner quarante sols à Pierre, &
que celui-ci n'eût mis que vingt sols, sans
mettre trois livres dont il avoit reçu quarante
sols de Jacques.

C'est cette façon embarrassée d'exprimer
ce principe qui a occasionné le problême in-
seré dans le tome cinq des mémoires de
l'académie de Pétersbourg, & qui avoit été
proposé d'autres fois : Problême qui n'est pas
proposable, & qui implique contradiction,
quoiqu'il vienne d'auteurs célèbres, ce que

nous montrerons dans la suite.

V I.

De quelque façon cependant que ce principe soit rendu, il est toujours très-certain, & ne peut induire en erreur que par de fausses applications ; & il n'est pas plus en défaut pour les coups répetés que pour le premier coup, quoiqu'en pense monsieur d'Alembert. Qui eût dit aux Paschal, aux Descartes, aux Huygens, &c. après avoir résolu de sçavans & épineux problêmes : Attendez ; la solution que vous venez de donner de ce problême n'est juste que si vous ne jouez qu'un coup ; si vous en entreprenez un second, ce ne sera plus la même chose : & plus vous en jouerez, & plus votre solution deviendra défectueuse : si vous croyez que, pour amener précisément trois as avec neuf dés, il y ait 1312500 coups ou $\frac{1312500}{10077696}$ de tous les coups possibles de neuf dés, ce calcul n'est vrai que si vous ne jouez qu'un coup, & défectueux si vous en jouez un second. A quelqu'un qui eût parlé de la sorte, ils n'eussent fait aucune attention à ses discours. Les choses ont bien changé de face : aujourd'hui, cette science n'est plus traitée par autant de grands géomètres ; & c'est un sçavant universel qui l'attaque, un membre de presque toutes les académies de l'Europe. Dans l'autre siècle, le préjugé eût été contre l'adver-

faire de tant de grands hommes ; dans celui-ci,
ne fera-t-il pas contre quelqu'un qui ose con-
tredire un aussi célèbre géomètre ? Mais qu'importe le préjugé, quand on croit avoir la
vérité de son côté ? on doit avoir le courage
de l'affronter.

VII.

M. d'Alembert semble ne vouloir point
attaquer directement la doctrine des combinaisons ; il accuse seulement ses premiers
principes d'être en défaut en bien des cas ;
&, pour le prouver, il établit plusieurs
vérités qu'il montre ou prétend montrer ne
point s'accorder avec ces principes : d'où
il conclud qu'ils sont au moins en défaut dans
les cas où ils sont en concurrence avec ces
vérités. Il est certain que, si ce que M.
d'Alembert nous donne pour des vérités en
étoient réellement, non seulement quelque
principe, mais tous les principes de la doctrine des combinaisons seroient en défaut,
& tout le bel édifice que forme cette doctrine s'écrouleroit entièrement. On va donc
démontrer la fausseté de ces prétendues vérités, ou, ce qui est la même chose, la certitude des vérités opposées ; ce qu'on fera, non
par des raisonnemens métaphysiques, de la
nature de ceux sur lesquels les prétendues
vérités sont fondées, quoiqu'on se flatte qu'on
pût en trouver de plus solides, mais par des

preuves mathématiques qui ne font pas ex-
pofées aux répliques & n'éternifent pas les
queftions comme les preuves méthaphyfiques.

Ces prétendues vérités font 1°. qu'il eft
impoffible d'amener le même évènement un
nombre confidérable de fois de fuite ; par
exemple, qu'il eft impoffible , au moins d'une
impoffibilité phyfique, en jettant une pièce
en l'air, d'amener cent fois de fuite croix ou
pile ; 2°. que, des différentes combinaifons
que donnent le jet d'une pièce ou d'un dé,
il y en a de plus poffibles à amener les unes
que les autres ; & que celles où il y a le plus
de croix ou de pile de fuite font les plus difficiles à amener ; 3°. que le fort d'un joueur
pour amener n de fois la même face d'un
dé , n'eft pas exactement exprimé par n de
fois la multiplication de fa plus forte fa-
ce ; par exemple que $\frac{1}{6} \times \frac{1}{6} = \frac{1}{36}$ n'exprime pas qu'il y a $\frac{1}{36}$ pour amener deux fois
de fuite la même face d'un dé ; ou un contre
trente-cinq à parier, que $\frac{1}{6} \times \frac{1}{6} \times \frac{1}{6}$ n'exprime pas qu'il y a $\frac{1}{216}$ pour amener trois fois
de fuite la même face ; 4°. qu'il eft des
cas où il fe perd des combinaifons ; par
exemple, fi quelqu'un parie contre un autre
qu'au jeu de croix ou pile il n'amènera pas
croix en deux coups ; s'il amène croix au
premier coup, on dit que les combinaifons
ne font plus ces quatre :

1er. COUP.	2me. COUP.
croix,	croix.
croix,	pile.
pile,	croix.
pile,	pile.

mais se réduisent à ces trois :

1er. COUP.	2me. COUP.
croix,	
pile,	croix.
pile,	pile.

parce que, quand on amène croix au premier coup, le jeu est décidé, sans qu'il soit besoin d'en jouer un second ; qu'en pareil cas, toutes les combinaisons possibles, en jettant trois fois un dé de trois faces, ne font pas vingt-sept, mais font réduites à quinze ; 5°. que, quand on amène un coup une fois, le parti n'est plus le même pour le ramener une seconde fois.

VIII.

Nous allons prouver que, non seulement il n'est pas impossible, en jettant une pièce en l'air, d'amener cent fois de suite croix ou pile, mais même que cela est très-physiquement possible ; & que, non seulement cela est possible avec une pièce ou un jetton, qui font des dés à deux faces, mais même avec un dé d'un nombre quelconque de faces. Pour

le prouver, je vais me servir de la voie du
dialogue.

SOCRATE.

Croyez vous, Alcibiade, qu'il soit possible
qu'en jettant cent fois une pièce en l'air, elle
tombe cent fois de suite sur la même face,
ou sur croix ou sur pile ?

ALCIBIADE.

Cela ne me paroît pas d'une impossibilité
méthaphysique, n'y voyant point de contradiction ; mais je ne crois pas que jamais
un même évènement se soit répété & puisse
se répéter autant de fois ; & je n'hésiterois
pas à le prononcer d'une impossibilité physique.

SOCRATE.

Vous le pensez donc de même ? Eh bien !
tout-à-l'heure vous allez penser autrement,
& me prouver vous-même que des évènemens des millions de millions de fois plus
difficiles à arriver, sont physiquement possibles & peuvent arriver, même par millier
dans un jour, & que vous êtes maître de
leur donner naissance.

ALCIBIADE.

Moi, vous prouver des choses qui révol-
tent si fort mon imagination. Je ne crois pas,

Socrate, qu'avec toute votre habileté à faire
accoucher les gens de nouvelles pensées,
comme vous voulez, vous puissiez jamais me
faire produire tant de prodiges & dans le
court espace d'une journée, & encore moins
me faire prouver leur possibilité.

SOCRATE.

Doutez-vous, Alcibiade, qu'en jouant
cent dés à la fois, il soit possible d'amener
rafle de six ?

ALCIBIADE.

Je ne crois pas que jamais personne en ait
douté. On sent bien la difficulté qu'il y a
d'amener un coup contre lequel il y a 6^{100}.
— 1 contre 1 à parier qu'il n'arrivera pas,
& qu'on pourroit peut être jouer cent ans
sans qu'il arrivât : mais, malgré la difficulté
de cet évènement, on ne peut se refuser à
sa possibilité.

SOCRATE.

Si vous vouliez jouer avec cent dés, soit
pour tenter d'amener rafle de six ou une autre chance, comment feriez-vous ?

ALCIBIADE.

Belle demande ! je prendrois un cornet
assez grand pour contenir cent dés.

SOCRATE.

Mais, si vous ne trouviez pas de cornet
assez grand pour contenir cent dés, comment feriez-vous ?

ALCIBIADE.

Je prendrois séparément les dés, par exemple dix à la fois, & je jouerois dix coups ;
& je vois qu'il ne seroit pas plus difficile
d'amener dix fois rafle de 6 avec dix dés
qu'une seule fois avec cent ; que le sort pour
l'amener une fois est $\frac{1}{6^{10}}$, pour l'amener deux
fois $\frac{1}{6^{20}}$, pour l'amener trois fois $\frac{1}{6^{30}}$, & enfin pour l'amener dix fois $\frac{1}{6^{100}}$, égal au sort
pour l'amener d'un coup seul avec cent dés
qui est aussi $\frac{1}{6^{100}}$. Et, pour produire aux yeux
ma rafle de 6 produite par dix jets, après
avoir amené du premier coup rafle de 6 , je
laisserois mes dix dés sur la table, je jouerois
dix autres dés; & après avoir amené du second
coup encore rafle de 6 , je laisserois ces vingt
dés sur la table; & ainsi de suite, jusqu'après
le dixième coup, où je trouverois cent 6
sur la table, qu'il n'auroit pas été plus difficile d'amener que d'un seul coup.

SOCRATE.

Ne pourriez-vous pas jouer avec un moindre nombre de dés à la fois que dix ?

A L C I B I A D E.

Vraiment oui ! & même avec un seul ; &
je vois qu'il ne seroit pas plus difficile d'amener rafle de 6 en cent coups que de l'amener en dix coups avec dix dés & en un seul
coup avec les cent dés. A mesure que j'amè-
nerois les 6, je les rangerois sur la table ;
& après avoir joué le centième coup, je m'en
trouverois cent qui n'auroient pas plus coûté
à amener que d'un seul coup ; & le sort pour
amener ces cent 6 de suite un à un sera
comme pour amener rafle de 6 d'un seul
coup.

S O C R A T E.

Et si vous jouiez toujours avec le même
dé, pourriez-vous aussi amener en cent coups
rafle de 6 ?

A L C I B I A D E.

Tout également ; à chaque fois que j'amè-
nerois un 6, je le marquerois avec un autre dé ; & après avoir amené dix fois de suite
6 avec le même dé, je trouverois dix 6
sur la table ; & après l'avoir amené vingt fois,
je trouverois vingt 6 ; & après l'avoir amené
cent fois, je trouverois cent 6 : d'où on ne
peut pas s'empêcher de conclure qu'il n'est
pas plus difficile d'amener rafle de 6 par le
jet d'un dé répété cent fois que par le jet de

cent dés différens, un à un, ou de cent dés
dix à dix, ou de cent dés jettés tous enfemble ; & ainfi qu'il eft auffi phyfiquement poffible d'amener avec un dé cent fois de fuite
fix que d'amener d'un feul coup cent 6 ;
que le fort pour ces deux coups, ou plutôt
pour un feul coup amené de différentes façons, eft également $\frac{1}{2^{100}}$...

S O C R A T E.

Avois-je tort, Alcibiade, de vous dire
que vous alliez vous-même me prouver la
poffibilité phyfique d'un évènement des millions de millions de fois plus difficile que
d'amener cent fois de fuite croix ou pile
avec une pièce ? Ce dernier évènement eft
une mifère en comparaifon de l'autre. 2^{100}
s'exprimant avec trente-un chiffres ; & il en
faudroit aux environs de foixante pour exprimer 6^{100} ; & ce que nous n'exprimons
pas au jufte pour un dé de fix faces, par la
longueur qu'il faudroit à en faire le calcul,
fi nous avions pris un dé de dix faces, s'ex-
primeroit dans le moment ; & toutes les
combinaifons poffibles d'un dé de cette façon
jetté cent fois font $10^{100} = 1$ & cent zéros
après, ou 1000000, &c., jufqu'à cent zéros.
Jugez donc de l'énorme différence d'amener
cent fois de fuite 6 avec un dé de fix faces,
ou de dix faces, ou d'amener avec une pièce
cent fois de fuite croix ou pile. Que feroit-ce,

si le dé avoit plus de faces & fût joué un plus
grand nombre de fois ; car f^n est possible
physiquement tout comme 2^{100}.

ALCIBIADE.

J'avoue, Socrate, que vous faites convenir les gens de tout ce que vous voulez. Mais
aussi vous conviendrez à votre tour que, si
j'ai cru devoir assigner à cent ans le temps
qu'il faudroit pour amener toutes les combinaisons d'une pièce jettée cent fois en l'air,
il faudroit plus de trois cens ans pour ame-
der toutes les combinaisons de cent dés ordinaires, ou d'un dé joué cent fois, & qu'il
en est même qui n'arriveroient pas dans ce
temps ; & qu'un évènement qu'il faut l'âge de
neuf ou dix hommes à produire , passera
pour physiquement impossible dans l'esprit
de beaucoup de gens.

SOCRATE.

La difficulté d'amener une combinaison dé-
terminée ne vient que de leur multiplicité ; &
celle qui arrivera la première n'é oit pas plus
possible que celle qui arrivera la dernière , ou
que celles qui n'arriveront point dans le temps
que vous venez de dire. Si on mettoit dans
une roue autant de billets que ce nombre
de combinaisons , celui qui en sortiroit le
dernier au bout des trois cens ans , auroit pû
en sortir dès le premier jour. La durée de

trois cens ans qu'il faut pour donner naissance
à un évènement, ne le rend donc pas pour
cela physiquement impossible. Mais, Alcibiade, avec vos trois cens ans, que vous
êtes éloigné du véritable compte! Pour amener toutes les combinaisons possibles, non
d'un dé à beaucoup de faces, mais seulement
d'une pièce jettée cent fois en l'air, ou de cent
pièces jettées ensemble (3), il faudroit des
milliasses d'années multipliées par des milliards : & , quand nous avons parlé de millions, ce n'étoit que pour exprimer un grand
nombre d'une façon indéterminée. Je vais
vous prouver qu'il faudroit ce temps énorme
pour amener toutes les combinaisons de 2^{100}.
Prenons cent pièces & les mettons dans un
cornet, ou les jettons à la main : dans une
heure je ne pourrai guère jouer que cent-vingt
coups, & en un jour deux mille huit cent
quatre - vingt, & en un an 1051200. Or,
en divisant le nombre qui exprime 2^{100}, qui
est de trente & un chiffre, par 1051200,
nombre des coups qu'on peut jouer en un
an, on aura pour quotient un nombre exprimé par vingt-trois chiffres, par conséquent
des milliasses d'années multipliées par des di-

(3) Cette dernière façon demande moins de
temps, parce qu'il est plus aisé de ramasser cent
pièces & les jouer à la fois, que de jouer cent fois
une pièce, quoique le sort, de ces deux façons,
soit égal.

zaines de milliards. On pourroit cependant parier, sans désavantage, d'amener cent pièces pile aux environs des deux tiers de ce temps, suivant la sçavante solution d'un problême qu'a donné un célèbre géomètre (4), qui démontre qu'on peut parier avec avantage d'amener sonez avant le vingt-cinquième coup.

ALCIBIADE.

Mais, Socrate, vous m'aviez promis que dans la minute vous me feriez produire un évènement des millions de millions de fois plus difficile que d'amener cent fois de suite croix ou pile en jettant une pièce en l'air; & que j'en pourrois faire éclore des milliers de cette espèce dans un jour. Or rien ne me paroît plus opposé, que d'amener dans la minute un évènement des millions de millions de fois plus difficile qu'un autre, qu'il faudroit des milliards de milliasses d'années à amener; & la merveille augmente quand vous dites que j'en pourrois faire éclore des milliers de cette espèce par jour.

SOCRATE.

Je vais non seulement vous le prouver, mais vous le faire prouver à vous même.

ALCIBIADE.

Je ne comptois pas avoir la peine de prou-

(4) M. Paschal.

ver un événement que vous deviez me faire
produire dans la minute & expoſer en évidence.

SOCRATE.

Je vous ai promis de vous faire produire
cet événement dans le moment, mais non
pas que vous verriez dans le moment ſon
égalité de poſſibilité à l'évènement prétendu
impoſſible. Pour parvenir à vous la faire
prouver, je vous demande: penſez vous qu'en
jettant un dé d'un cornet, il ſoit égal d'a-
mener le 6, ou une de ſes autres faces?

ALCIBIADE.

Si ce dé a ſes faces égales, comme on
doit le ſuppoſer, qui peut imaginer une raiſon de préférence, pour qu'une face arrive
plutôt qu'une autre?

SOCRATE.

Mais, s'il y avoit deux dés, concevez-
vous combien il y auroit de coups différens dans ce deux dés?

ALCIBIADE.

Je conçois très-bien cela. Soit nommé,
A l'un des dés, & B l'autre: tandis que le
dé A ſera ſur la face 1, le dé B pourra ve-
nir ſur ſes ſix faces, ce qui ſera ſix coups: ſi
on met le dé A ſur ſa face 2, le dé B vien-
dra

dra de même sur ses six faces, ce qui fera 12 coups ; & de même, lors qu'on mettra le dé A sur chacune de ses six faces : d'ou l'on voit qu'il y a six fois six coups différens, où 36 conbinaison, en deux dés.

SOCRATE.

Mais, n'est-il pas plus difficile d'amener le nombre 12, que le nombre 11 ?

ALCIBIADE.

Cela n'est pas douteux, puisqu'il y a deux coups pour amener le nombre 11, quand le dé A est 6, & le dé B 5 ; ou quand le dé A est 5, & le dé B 6 : & qu'il n'y a qu'un coup pour amener le nombre 12, A 6, & B 6.

SOCRATE.

Mais chacun de ces coups, qui font le nombre 11, n'est-il pas plus facile à amener que le nombre 12 ne l'est ?

ALCIBIADE.

Nullement : parceque quand le dé A est 6, l'autre est nécessairement déterminé à être 5, afin d'amener le nombre 11 ; & quand le dé B est 6, le dé A est nécessairement déterminé à être 5.

SOCRATE.

Et si vous jouiez avec trois dés, diriez-

E

vous combien ils produiroient de coups différens ?

ALCIBIADE.

Je crois bien qu'oui. Je comparerois chaque face du nouveau dé, introduit avec les
36 coups des deux dés, ce qui me donne-
roit six fois 36 : & je vois par là que trois
dés sont suceptibles de 216 combinaisons,
& produiront 216 coup différens : d'où je
vois aussi qu'a été tirée la règle générale,
que pour avoir tous les coups possibles d'un
nombre quelconque de dés, il faut élever la plus forte face à la puissance égale au
nombre de dés, & que f^n est la formule
pour trouver le nombre des coups d'une
quantité quelconque de dés, quelque nombres de faces qu'ils aient.

SOCRATE.

Croyez-vous qu'avec trois dés, le nombre
18, ou rafle de 6, soit aussi aisé à amener
que le nombre 16 ?

ALCIBIADE.

Il s'en faut bien : le nombre 16 peut s'a-
mener de deux façons, par 6, 6, 4 ; & par
5, 5, 6 : & chaque façon a trois coups, où
combinaisons pour elle ,

$$
\begin{array}{ccc@{\qquad}ccc}
6 & 6 & 4 & 6 & 6 & 4 \\
a. & b. & d. & a. & d. & c. \\
\end{array}
$$

$$
\begin{array}{ccc@{\quad}ccc@{\quad}ccc@{\quad}ccc}
4 & 6 & 6 & 5 & 5 & 6 & 5 & 5 & 6 & 6 & 5 & 5 \\
a. & c. & d. & a. & c. & d. & a. & d. & c. & a. & c & d \\
\end{array}
$$

aïnſi il y a 6 contre 1 à parier qu'on amenera le nombre 16 plutôt que le nombre 18 :
& s'il s'agiſſoit du nombre 11 , il y auroit
ſix façons de l'amener , trois qui donne-
roient chacune ſix coups, de ſorte qu'il y
a 27 coups ou combinaiſons pour amener
le nombre 11 , par conſéquent 27 contre
1 à parier qu'on amènera ce nombre plutôt que celui 18 , où raſſe de 6. Mais auſſi
raſſe de 6 eſt auſſi aiſée à amener qu'aucune de ces 27 combinaiſons , les unes &
les autres étant des combinaiſons ſimples ,
comme la face 6 , & la face 5 d'un ſeul dé.

SOCRATE.

Si vous aviez un grand nombre de dés ,
comme par exemple cent , ne ſeroit il pas
plus difficile d'amener raſſe de 6 , que des
coups mélés de ſix , de cinq , de quatre ,
de trois ?

ALCIBIADE.

Plus un nombre à amener s'éloignera de 100
en montant, & de 600 , en déſcendant de plus
de façons il pourra être amené , & chaque façon aura plus de combinaiſons ou de coups :
mais chacune de ces combinaiſons eſt auſſi
difficile à amener que raſſe de ſix ; comme
avec trois dés , chacun des vingt-ſept coups
qu'il y a pour amener le nombre onze eſt
auſſi difficile à amener que dix-huit, & dix-

huit auſſi facile à amener qu'aucun des autres coups , ce qui eſt vrai pour deux & trois dés, l'eſt pareillement pour dix, vingt, cent, & au delà.

SOCRATE.

Vous me prouvez démonſtrativement par là, qu'il eſt auſſi difficile d'amener un coup quelconque avec cent dés, que raſle de ſix : & tout à l'heure vous m'avez prouvé qu'il étoit égal d'amener raſle de ſix avec cent dés, ou cent fois 6, avec le même dé : vous me prouvez donc qu'il eſt auſſi difficile d'amener un coup quelconque, que cent fois la même face d'un dé. Ainſi vous n'avez maintenant qu'à mettre cent dés dans un cornet & les renverſer ſur une table : & le premier coup que vous aménerez ſera égal en difficulté, à amener cent fois la même face d'un dé : & comme vous pouvez jouer mille coup & au delà dans un jour, vous pouvez dans un jour produire mille événemens auſſi difficiles, que d'amener cent fois 6 avec le même dé. La merveille que vous trouviez à cela ne s'évanouit-elle pas devant vos raiſons?

Vous venez de me prouver auſſi que les combinaiſons de cent dés, & au delà, joués enſemble, ſont toutes égales ; qu'il n'y en a pas de plus faciles & de plus difficiles à arriver les unes que les autres. C'eſt là un grand

acheminement à prouver la feconde vérité
conteftée, que toutes les combinaifons d'un
dé joué plufieurs fois, ne font pas également poffibles.

ALCIBIADE.

Sans doute qu'après ce que nous venons
de dire, cette vérité eft aifée à prouver. Voilà
comment je m'y prends, (5) Nommant les
combinaifons des dés joués enfemble, l'ordre E ; & celles d'un dé joué feul le même
nombre de fois qu'il y a de dés, l'ordre S ;
fuppofant trois dés, le nombre des combinaifons de l'ordre E, eft 6; $= $ deux cens
feize : & chaque combinaifon de cet ordre
font égales entre elles & $= \frac{1}{216}$. Celle fup-
pofée la plus impoffible ou difficile de l'ordre S a été prouvée $= \frac{1}{216}$, c'eft à dire à
la plus facile, où pour parler plus jufte à l'é-
galement facile de l'ordre E. S'il y en avoit
de plus faciles dans l'ordre S, elles feroient
donc plus faciles que $\frac{1}{216}$ plus faciles qu'un
des trois coups pour amener fix. fix. quatre,
    6 6 4   6 6 4   4 6 6
que *a. c. d*, que *a. d. c.* où *a. c. d.* ce
qui eft abfurde, car de quelle nature feroit
une combinaifon plus fimple plus poffible
qu'une de ces trois. c. q. f. d.

(5) Cette démonftration n'eft pas fi concluante
dans les principes de M. d'Alembert que la fuivante
& celle de la page 53.

Et généralement f^n de l'ordre S suppo-
sée la moins possible, étant également possible que la plus possible de l'ordre E, il
n'y en a point de plus possible dans son
ordre.

SOCRATE.

Quand on résout un problème de plus
d'une façon, une seconde solution donne bien
de la force à la première ; de même une seconde démonstration, d'une proposition, ne
peut qu'augmenter la certitude de la première
démonstration : Ainsi pour assurer une vérité
qu'on a voulu détruire par plus d'une raison,
il ne seroit pas superflu que vous cherchassiez
quelque autre démonstration.

ALCIBIADE.

Je vais tâcher de vous satisfaire, & vous
en rapporter une des plus sensibles. Il y a
un même nombre de combinaisons en jettant douze fois un dé, qu'en jouant douze dés tout le monde en convient ; Prenons trois dés de trois faces pour plus d'ai-
sance : tous les coups possibles de ces dés
joués ensemble, font vingt-sept, cube de trois.
Comparons ces combinaisons avec celles
d'un seul dé de trois faces joué trois coups :
je dis que les vingt-sept combinaisons des
trois dés joués à la fois conviennent chacune à chacune, avec les vingt-sept combi-

naisons d'un seul dé jetté trois fois : Pour s'en convaincre, il ne faut que des yeux, & les jetter sur la table suivante.

E			S		
Combinaisons de trois Dés de trois faces, joués ensemble			**Combinaisons d'un Dé de trois faces, joué trois coups**		
a	*c*	*d*	1er. coup.	2e. coup.	3e. coup.
pour amener le nombre 3,			pour amener le nombre 3,		
1	1	1	1	1	1
pour amener le nombre 4,			pour amener le nombre 4,		
1	1	2	1	1	2
1	2	1	1	2	1
2	1	1	2	1	1
pour amener le nombre 5,			pour amener le nombre 5,		
1	1	3	1	1	3
1	3	1	1	3	1
3	1	1	3	1	1
2	2	1	2	2	1
2	1	2	2	1	2
1	2	2	1	2	2
pour amener le nombre 6,			pour amener le nombre 6,		
1	2	3	1	2	3
1	3	2	1	3	2
2	1	3	2	1	3
2	3	1	2	3	1
3	1	2	3	1	2
3	2	1	3	2	1
2	2	2	2	2	2

pour amener le nombre 7,   **pour amener le nombre 7,**

2_a	2_c	3_d	2	2	3
2_a	3_c	2_d	2	3	2
1_a	3_c	3_d	1	3	3
3_a	3_c	1_d	3	3	1
3_a	1_c	3_d	3	1	3
3_a	2_c	2_d	3	2	2

pour amener le nombre 8,   **pour amener le nombre 8,**

3_a	3_c	2_d	3	3	2
3_a	2_c	3_d	3	2	3
2_a	3_c	3_d	2	3	3

pour amener le nombre 9,   **pour amener le nombre 9,**

3_a	3_c	3_d	3	3	3

A cette preuve fenfible on peut joindre encore cette démonftration.

Toutes les combinaifons de cent dés joués enfemble font égales entre elles : chacune eft donc égale à une même grandeur a ; foit une combinaifon d'un dé joué cent fois, nommée x, d'autres nommées $y. z. u.$ &c, la combinaifon x répond à une autre combinaifon des cent dés joués enfemble $= a$; & la combinaifon z répond à une autre combinaifon pareillement $= a$, & ainfi de toutes : donc $x = a. y = a. z = a. u = a$: donc $x = z = y = u$, donc que toutes les combinaifons d'un dé joué cent fois font égales entre elles, & de même quelque nombre de fois qu'on le joue. c. q. f. d. d'où l'on tire encore une autre démonstration de la première vérité ; sçavoir, qu'il n'y a point de combinaisons physiquement impossibles ; car si l'une étoit impossible toutes le seroient, puisqu'elles sont toutes égales.

SOCRATE.

Le célébre Géométre que je vous ai cité prétend encore que ces trois multiplications $\frac{1}{6} \times \frac{1}{6} \times \frac{1}{6}$ ne donnent pas sort le pour amener trois fois de suite six.

ALCIBIADE.

Il me paroit extraordinaire qu'un célébre Géométre nie une vérité aussi claire. Le nombre de toutes les combinaisons d'un dé ordinaire joué trois fois est $6^3 = 216$; & le sort pour avoir une de ces combinaisons quelconque est $\frac{1}{6^3} = \frac{1}{216}$: or cette fraction se produit par la multiplication de ces trois $\frac{1}{6} \times \frac{1}{6} \times \frac{1}{6}$: donc ces trois multiplications, donnent le sort pour avoir trois fois de suite six ou quelque autre face du dé que ce soit,

SOCRATE,

Comme ce géométre est un sçavant universel, au défaut de preuves mathématiques, il a invoqué a son secours d'autres sciences : & nous vous montrerons dans un autre endroit, comment la méthaphysique & la logique lui ont fourni des ar-

mes. Mais achevons de vous faire démontrer les autres vérités dont il ne convient pas. Nous avons vu que, pour avoir
toutes les combinaisons d'un nombre quelconque de dés, il faloit élever le nombre
de ses faces f, à la puissance n; du nombre
des dés ; ce qui donnoit aussi le nombre
des combinaisons d'un de ces dés , joué
n de fois, qu'ainsi les combinaisons d'un dé
de trois faces , joué trois fois, étoient $3^3 =$
27. Malgré cela , ce grand géométre prétend qu'il est des cas , où ces vingt-sept
combinaisons sont réduites à quinze : comme p. e. si quelqu'un parioit contre vous ,
qu'en jouant trois coups un dé de trois faces ,
vous n'ameneriez pas un as,

ALCIBIADE.

Quelque peu instruit, Socrate, que je fusse
dans la science des combinaisons , avant
ce que vous venez de m'en découvrir, si ce
grand géométre se fut adressé à moi pour
débiter de pareilles assertions, j'aurois cru
qu'il auroit voulu s'en moquer. Qui a-t-il
de plus essentiel, lui aurois-je dit, que les
combinaisons dont un nombre est sus:cepti-
ble ? Ce qui est essentiel aux choses peut-il
se perdre ou varier ? Quelque circonstance
qu'on puisse supposer , quel changement
ou quelle altération peut faire au nombre
de ces vingt-sept combinaisons la ga-

geure que quelqu'un feroit, que je n'amenerois pas un as en trois coups ?

S O C R A T E.

Voici le changement qu'il prétend que
cela y apporte : c'eſt que, ſi vous amenez un
as au premier coup, celui qui parie contre
vous que vous n'amenerez pas d'as en trois
coups, a gagné, dans ce cas dès le premier
coup, ſans qu'il ſoit beſoin qu'il en joue un
ſecond : ainſi, dit-il, les combinaiſons *a a a*,
a a b, *a a c*, *a b a*, *a b b*, *a b c*, *a c a*, *a c b*,
a c c ſont réduites à la ſeule combinaiſon *a* :
& ſi vous amenez *a* au ſecond coup, les
combinaiſons, *b a b*, *b a c*, *b a a*, *c a a*,
c a b, *c a c* ſont réduites à ces deux *b a*,
c a ; de ſorte que par la il ſe perd ou éva-
nouit douze combinaiſons, ce qui réduit
les vingt-ſept à quinze.

A L C I B I A D E.

Si ce grand géométre m'apportoit ces raï-
ſons, je lui dirois qu'il pouſſe la raillerie
loin, que je vois bien qu'il continue à ſe moquer de moi ; & que ſon *a* ſeul ne fait point
une combinaiſon ; qu'il ne le penſe pas lui-
même ; qu'une choſe ſeule n'eſt point ſuſ-
ceptible de combinaiſon, qu'il en faut au
moins deux ; que ſon *b a*, & ſon *c a*, n'en
ſont point non plus dans ce cas, où, s'agiſ-
ſant de trois coups, il en faut néceſſairement

trois joués ou dû être joués, pour former
une combinaison que; son *a*, son *ba*, son *ca*,
appartiennent au douze combinaisons qu'il
veut supprimer. Je lui dirois encore que les
combinaisons d'un dé, joué un nombre *n* de
fois, sont égales aux combinaisons d'un
même nombre *n* de dés joués ensemble ; que
les combinaisons d'un dé de six faces, joués
deux fois, font trente-six, comme les combinaisons de deux dés joués ensemble font
trente-six ; que celles d'un dé joué trois fois
font deux cens seize, comme celle de trois
dés joués ensemble ; que les combinaisons
d'un dé de trois faces joué trois fois sont
vingt-sept, comme celles de trois dés de
trois faces joués ensemble ; qu'il est par conséquent aussi impossible qu'il se perde des
combinaisons en jouant un dé, d'un nombre
quelconque de faces, deux fois, trois fois
&c. qu'en jouant ensemble deux dés,
trois dés ; & qu'il est impossible que les
combinaisons de deux dés de six faces
soient moins de trente-six, celles de trois
dés moins de 216.

SOCRATE.

J'ai répondu plus sérieusement à ce célébre auteur, pour une seule combinaison
qu'il fait évanouir au jeu de croix où pile.
Vous me paroissez avoir aujourd'hui trop
d'humeur pour exiger de vous d'autres rai-

fons: fi dans un moment de fens froid vous ne trouvez pas tant de force à celles que vous venez d'apporter , je vous renvoie à celles que j'ai données pour le jeu de croix ou pile , où il s'agit de la même queftion.

ALCIBIADE.

Du plus grand fens froid je vais vous calculer l'avantage que j'aurois fur ce célébre géométre, s'il parioit contre moi au pair, un écu contre un écu, que je n'amenerois pas un as en trois coups. Pour jouer vingt-fept parties, fi on joue trois coups ; à chaque partie , afin de mettre toutes les combinaifons en évidence, il faudroit jouer 81 coups : mais comme on finit la partie lorfqu'on a amené un as au premier ou au fecond coup, il ne faut que cinquante-fept coups pour jouer vingt - fept parties : fur vingt-fept parties à fortune égale , j'en gagnerai dix-neuf & en perdrai huit ; il m'en reftera donc onze de profit. Sur chaque cinquante-fept coups, j'aurai onze écus de profit : je pourrai jouer ces cinquante-fept coups en quatre minutes; par quatre minutes, j'aurai onze écus de profit ; par heure j'en aurai cent foixante-cinq; par jour à jouer douze heures, j'en aurai mille neuf cens quatre-vingt ; & par an fept cens vingt-deux mille fept cens. Quand ce géométre feroit auffi riche que nos plus opulens financiers, il fe roit bientôt ruiné, s'il vouloit mettre sa théorie en pratique.

SOCRATE.

Il nous reste à prouver la certitude de la cinquième vérité, contestée par ce célébre géométre.

ALCIBIADE.

Il s'agit de démontrer que quelque nombre de fois qu'on ait amené un événement, le parti est toujours le même pour le ramener, que pour l'amener une seule fois. *p. e.* Si j'ai amené avec un dé ordinaire sept fois 1, pour l'amener une huitième fois, le parti est également $\frac{1}{6}$ comme il étoit pour l'amener la première fois. Pour le démontrer je dis. Soit ces six combinaisons d'un dé joué huit fois,

1	1	1	1	1	1	1	1	*a*
1	1	1	1	1	1	1	2	*b*
1	1	1	1	1	1	1	3	*c*
1	1	1	1	1	1	1	4	*d*
1	1	1	1	1	1	1	5	*e*
1	1	1	1	1	1	1	6	*f*

Pour amener huit fois 1, il faut premièrement l'amener sept fois : après l'avoir amené sept fois, s'il étoit plus difficile à l'amener huit fois, que d'amener un cinq, un quatre ou une autre face, la combinaison *a*

feroit plus difficile à amener que la combinaifon *c*, ou *d*, ou une des cinq autres quelconque : or il eſt démontré que ces fix
combinaiſons font également faciles à amener : donc après avoir amené ſept fois 1 , il
eſt auſſi facile de l'amener une huitième
fois , que d'amener 2. 3. 4. 5 ou 6 donc
le fort pour amener 1 : eſt toujours $\frac{1}{6}$ quelque nombre de fois qu'on l'ait amené *c.
q. f. d.*

Si le dé avoit cinq faces , le fort feroit
$\frac{1}{5}$, s'il en avoit quatre il feroit $\frac{1}{4}$, s'il n'en
avoit que deux comme une pièce ou un je-
ton , il feroit $\frac{1}{2}$: donc il eſt égal quelque
nombre de fois , jettant une pièce en l'air ,
qu'on ait amené pile , de le ramener encore ,
ou d'amener croix. En voici une autre dé-
monſtration.

Si quelqu'un parioit d'amener quatre fois
de fuite 6 avec un dé ordinaire , ſon fort
feroit $\frac{1}{6} \times \frac{1}{6} \times \frac{1}{6} \times \frac{1}{6} = \frac{1}{1296}$: après l'a-
voir amené une fois , ne lui reſtant plus
pour gagner que de l'amener trois fois ,
ſon fort feroit $\frac{1}{6} \times \frac{1}{6} \times \frac{1}{6} = \frac{1}{216}$: après
l'avoir amené deux fois , ſon fort feroit
$\frac{1}{6} \times \frac{1}{6} = \frac{1}{36}$: & après l'avoir amené trois
fois ſon fort feroit $\frac{1}{6}$ le même que s'il ne
l'avoir pas amené précédemment : donc quelque nombre de fois qu'on ait amené la
même face d'un dé , le fort eſt toujours
égal pour la ramener ; $\frac{1}{6}$ avec un dé ordi-

naire , $\frac{1}{2}$ avec une pièce ou un jeton.

I X.

Nous ofons nous flatter d'avoir démon‑
tré rigoureufement la certitude des cinq
principales vérités , conteftées par Monfieur
d'Alembert. 1° Qu'il eft poffible phyfique‑
ment d'amener le même événement , un
nombre quelconque de fois de fuite. 2° Que
toutes les combinaifons d'un dé joué un
nombre *n* de fois font égales , que l'une n'a
pas le moindre avantage fur l'autre pour
avoir le droit d'arriver par préférence. 3° Que
pour avoir un nombre de fois *n* la même
face d'un dé , il faut élever fa plus forte
face , ou le nombre de fes faces *f* , à la puif‑
fance *n* , & que la fraction $\frac{1}{f^n}$ en donne le
fort. 4° Que jamais aucune combinaifon ne
peut fe perdre , quelque cas qu'on puiffe
fuppofer. 5° Que quelque nombre de fois
qu'on ait amené un coup , le parti eft tou‑
jours le même pour le ramener une autre
fois.

I X.

Si nous n'avons pas démontré ces véri‑
tés , nous n'avons plus d'idées de démonf‑
tration : nos idées d'évidence , de certitude,
de probabilité font confondues , & nous re‑
nonçons à tout ce qui eft mathématique &
démonftration ; à bien plus jufte raifon que

Brutus ne renonça à la vertu, après avoir perdu la bataille de Philippe; il s'étoit fait une fausse idée de la vertu sur laquelle on auroit pu le redresser. Mais si nous nous sommes formés tant d'idées fausses auxquelles nous ayons trouvé tous les caractères de la vérité, sans que le moindre doute se soit présenté pour les combattre, notre esprit est absolument incapable de discerner le vrai d'avec le faux : au lieu que, si M. d'Alembert a manqué le vrai, le doute s'est offert à tout moment à lui : c'est un bon esprit qui a laissé le véritable chemin à côté : donnez - lui le temps de prendre la voie, il sera bientôt rendu au but , tandis que nous ferions un paralytique qui ne pourroit plus avancer.

X.

Après avoir démontré les vérités contestées par M. d'Alembert, il paroît àpropos d'examiner les raisons qu'il a tirées d'une abstraite métaphysique & d'une subtile dialectique pour combattre ces vérités : les raisons apparentes que fournissent ces sciences, ne tenant pas contre des démonstrations. Cependant y ayant, dans le mémoire 10 des opuscules mathémathiques, quelques autres vérités contestées, que les cinq principales que nous avons démontrées, nous allons parcourir les articles de ce mémoire, tant

pour soutenir ces vérités, que pour combattre les principales raisons que M. d'Alembert a apportées pour détruire les cinq vérités dont nous avons cru devoir prendre
la défense : raisons qui pourroient séduire
ceux qui sont plus métaphysiciens que géomètres.

X I.

Nous passerons les premiers articles du
mémoire de M. d'Alembert, parce qu'ils ne
tendent qu'à prouver que les premiers principes du calcul des probabilités sont en défaut, rélativement au problême proposé dans
le tome 5 des mémoires de l'académie de
Péterfbourg : or, comme je crois que ce
problême est mal énoncé, & implique contradiction (je demande excufe au sçavant
géomètre qui l'a proposé, si je m'exprime
de la forte) il importe peu à la doctrine des
combinaisons, qu'elle foit en défaut vis-à-
vis ce problême, le but de cette doctrine
n'étant pas de réfoudre les problêmes impossibles ou contradictoires.

Par ce problême, Pierre joue avec Jacques à croix ou pile, à cette condition, que
si Pierre amène croix au premier coup, Jacques lui donnera un écu ; s'il n'amène croix
qu'au fecond coup, deux écus ; si au troifième coup, quatre écus ; si au quatrième,
huit écus, & ainsi de fuite en proportion

géométrique : on demande l'espérance de Pierre, ou ce qu'il doit donner à Jacques pour jouer avec lui à jeu égal.

Ce problême ne signifie rien de cette façon, & il faut nécessairement le déterminer à dire, si Jacques donne seize écus à Pierre, à condition qu'il n'amenera pile qu'au quatrième coup, combien Pierre doit-il donner à Jacques pour jouer avec lui à jeu égal ? [Mais, dans ce cas-là, si Pierre amène pile au troisième coup, Jacques ne doit pas lui donner d'argent, puisque c'est Pierre qui perd : voilà où est la contradiction du problême.

Jacques ne doit s'engager à donner à Pierre que 16—1, au lieu de 16, si celui-ci n'amène pile qu'au quatrième coup ; & toutes les fois qu'il amenera pile avant le quatrième coup, il devra donner un écu à Jacques, & alors ils joueront à jeu égal ; c'est la même chose de parier de n'amener pile qu'au quatrième coup, ou de parier d'amener quatre fois de suite croix, dont le sort est $\frac{1}{16}$. Jacques doit parier quinze contre un avec Pierre ; & ainsi, en quelque terme que ce soit de la progression géométrique, il faudra toujours diminuer un.

Nous avons observé ci-dessus, que la façon d'exiger qu'un des joueurs donnât de l'argent à l'autre, pour jouer à jeu égal, étoit inutile & embarrassante ; & qu'il étoit

plus simple que chacun mît au jeu rélativement à ses espérances ; comme ici que Jacques mît quinze écus contre Pierre un ; ou,
encore mieux , que Jacques s'engageât à
donner quinze écus à Pierre quand il gagneroit , & qu'il en reçût un quand il perdroit :
pour mettre également au jeu , si Jacques
mettoit un écu , il faudroit qu'il donnât à
Pierre $\frac{14}{15}$ d'écu , pour que celui ci pût aussi
mettre un écu : à quoi bon cet embarras ?

X I I.

Mais, venons à l'examen de quelques articles du mémoire de M. d'Alembert : il
dit, art. 8, qu'au jeu de croix ou pile , une
personne qui parieroit de n'amener croix qu'au
huitième coup , devroit , suivant les règles
ordinaires du calcul des combinaisons , parier un écu contre cent vingt-sept : » or ,
» ajoute-t-il, une probabilité de cent vingt-
» sept contre un est si petite, qu'on ne doit
» point risquer une somme d'argent, même
» assez médiocre, vis-à-vis de cette proba
» bilité, quand même le gain qui en pour
» roit résulter seroit immense : en voici
» la preuve. Qu'on propose à quelque hom
» me que ce soit de gagner dix millions à
» une loterie de cent vingt-huit billets, où
» il n'y a que ce seul lot de dix millions,
» son espérance & son enjeu , par consé
» quent ce qu'il devroit donner pour jouer

» au pair , fuivant les règles ordinaires des
» probabilités , feroit $\frac{10000000}{128} = 78125$:
» cependant quel feroit l'homme affez infenfé
» pour rifquer cette fomme ?

Parler comme fait ici M. d'Alembert ,
& dire qu'on ne doit pas rifquer une fomme
d'argent , même affez médiocre , vis-à-vis la
probabilité d'un contre cent vingt - fept ,
quand même le gain efpéré feroit immenfe ,
c'eft parler contre l'expérience de tous les
temps & de tous les lieux. Depuis que les
loteries font inventées , on court comme au
feu à cette efpèce de jeu , non feulement à
celles où l'efpérance feroit à peu près $\frac{1}{127}$,
mais encore à celles où l'efpérance eft énormément moindre. Il n'y a perfonne , qui ,
mettant à une loterie d'un million de billets , n'efpère de gagner le gros lot , quoiqu'il y ait 999999 contre un à parier qu'il
ne gagnera pas. D'où vient ce goût pour
les loteries ? c'eft que l'homme aime à fe
flatter , & qu'il livre aifément fon cœur à
l'efpérance , fur quelque leger degré de probabilité qu'elle foit fondée ? Ce goût eft établi fur deux fondemens bien folides : la cupidité & la vanité. La cupidité , qui fait
entreprendre tant de chofes aux gens labo-
rieux , fournet même les plus pareffeux par
les loteries ; ils trouvent qu'il eft bien doux
de courir rifque de s'enrichir fans rien faire ,
& d'attendre la fortune en dormant. Il eft

établi fur la vanité, n'étant guère d'homme qui ne croie mériter plus qu'un autre,
d'être favorifé de la fortune ; & on ne la
traite d'aveugle, que quand elle favorife
quelqu'un que nous croyons qui le mérite
moins que nous ; mais quand elle verfe fes
faveurs fur nous, c'eft une déeffe à qui nous
élevons des autels dans notre cœur, comme
les païens lui en élevoient dans les temples.

D'ailleurs, on ne commet pas une grande
imprudence, quand on met à une loterie à
peu près égale, où ce que l'on vous donne,
eft à peu près comme les rifques que vous
avez courus. Et, fi on exigeoit que ce rapport fût exact, il n'eft point d'état qui voulût faire des loteries, ni de communauté qui
briguât à en obtenir : ceux qui propofent
des loteries ne le font que pour l'avantage
qu'ils fçavent qu'ils en tireront ; & ceux qui
y mettent en font perfuadés.

XIII.

M. d'Alembert me permettra de lui obferver, qu'on ne fauroit guère trouver une hyperbole plus outrée que de dire, qu'on ne
peut pas rifquer une fomme médiocre,
n'ayant pour foi qu'une probabilité de un
contre cent vingt-fept, quelque gain immenfe qu'on puiffe efperer ; tandis qu'il n'a-
voit qu'à ouvrir les yeux fur ce qui fe paffe
dans le monde, pour voir qu'on rifque des

fommes affez confidérables , quelquefois fa
vie & fon bien être , pour obtenir des gains
qui font bien éloignés de l'immenfité. La
fuppofition qu'il fait d'une lotterie , où les
billets feroient de foixante-dix-huit mille cinq
cens vingt-cinq livres , va directement contre
l'efprit & le but des lotteries , ainfi il n'y a
pas à douter qu'une pareille lotterie feroit
bien éloignée de fe remplir. Le but de cette
efpèce de jeu eft de propofer des fommes
confidérables pour exciter l'ardeur , d'en
mêler de médiocres pour augmenter l'efpérance , & qu'on puiffe obtenir ces diverfes
fommes en rifquant peu.

X I V.

Sans doute qu'on dira , comme l'obferve
M. d'Alembert , art. 9 , que cette fomme de
foixante-dix-huit mille cinq cens vingt-cinq
livres ne peut être rifquée , par cette feule raifon , qu'étant trop forte elle feroit une brèche
trop confidérable au bien du joueur. Mais
on ne convient pas , qu'il s'enfuive de là ,
que quelque grande que foit la fomme efpe-
rée qui eft ici de dix millions, la mife ne
doive pas toujours y être proportionnelle ; &
qu'ainfi il y ait au moins des modifications
à cet égard, a donner à la règle , jufq'à
préfent admife par tous les analiftes. M. d'A-
lembert, qui a fi bien connu la filiation , des
fciences , comme il paroit dans fes préfaces

de l'Encyclopédie, où il a fuivi leurs divi-
fions jufques dans leurs plus petits rameaux,
auroit biens pu diftinguer la fcience du calcul des probabilités en deux : la première
qui ne confidère que les raports mathématiques ; & la feconde qui confidère les
rapports moraux & politiques. Les grands
géométres qui ont traité cette fcience, comme les Defcartes, les Pafcal, les Huygens,
&c, n'ont eu pour objet que la première
partie de cette fcience : M. Daniel Ber-
roulli aujourd'hui s'occupe plus particu-
lièrement de la feconde. Les raifons de prudence ne font d'aucune confidération dans
la première. Que quelqu'un n'ait que dix
louis & qu'il les joue contre un autre qui en
aura deux cens, celui-ci ne mettroit pas un
fol de plus au jeu, quoique le premier rifquât tout ce qu'il a, & que lui ne rifquât
qu'une fomme dont la perte lui feroit peu
d'impreffion. De même dans le cas des deux
loteries citées, le rapport mathématique eft
très-égal, de rifquer un écu pour en gagner
cent vingt-huit, où rifquer foixante-dix-huit
mille cent vingt-cinq livres pour gagner
dix millions : mais, dans la feconde partie
de cette fcience, où on a égard aux raifons de
prudence, moins celui qui rifqueroit une fomme fi confidérable feroit riche, plus il pêcheroit contre les règles de la prudence. Si
la feconde branche du calcul des probabilités

n'a

n'a pas autant de certitude que la première ;
elle eſt dans le cas de toutes les autres ſcien-
ces, auxquelles on applique la géométrie,
qui n'auront jamais le dégré de certitude de
la géométrie pure.

X V.

M. d'Alembert prétend, art. 10, que,
quand la probabilité d'un évènement eſt fort
petite, elle doit être regardée & traitée comme nulle. Je crois qu'il n'eſt pas fondé à
penſer de cette ſorte. Cette partie des mathématiques ne doit pas être comparée à cet
égard à la géométrie & à l'arithmétique ; où,
quand deux lignes ou deux nombres ne dif-
ferent que d'une grandeur extrêmement petite, on peut, ſans inconvénient, regarder
ces différences comme nulles & réputer les
lignes ou les ſommes égales. Mais il n'en eſt
pas de même des combinaiſons : toutes ayant
un égal droit à l'évènement, il n'en eſt point
qui ne puiſſe arriver ; & celle qui du nombre
2^{100} verra le jour, étoit une qui combattoit
contre 2^{100}. — 1 & qui a remporté l'avantage. Il en eſt de même de l'eſpèce de combinaiſon qu'on appelle changement d'ordre.
Que dix - huit perſonnes ſe mettent autour
d'une table ; pour reprendre au haſard le même arrangement, ou un autre quelconque
déterminé, il leur faudroit des milliaſſes
d'années. Cependant on ne peut pas dire que

E

l'arrangement que prendront ces perfonnes ; fi elles fe remettent à table le lendemain , foit un infiniment petit. Que feroit-ce des changemens d'ordre d'un nombre plus confidérable , feulement des cinquante-deux cartes d'un jeu entier, dont le nombre feroit plus grand que cent millions de millions de fois les grains de fable que pourroit contenir le globe de la terre ? De très - petits nombres donnent des quantités de combinaifons, qui paroiffent aller jufqu'à l'infini , & qui en font cependant infiniment loin. Je crois donc qu'il faut abfolument renoncer à appliquer le calcul différentiel & l'intégral à la doctrine des combinaifons. Si ces calculs ont perfectionné la géométrie , ils ne peuvent que retarder les progrès de cette branche , qui ne fera pas moins digne pour cela d'occuper les géomètres de ce fiècle , puifqu'elle a bien occupé les grands hommes dont nous avons parlé.

XVI.

M. d'Alembert dit , art. 11 , que » fi on » jette une pièce en l'air cent fois de fuite, » il eft certain, 1°. que le nombre des combi- » naifons poffibles eft 2^{100}., c'eft-à-dire qu'il » y a 2^{100}. différentes combinaifons poffi- » bles de la manière dont croix & pile peu- » vent arriver, lorfqu'on jette la pièce en » l'air cent fois de fuite ; ce qui fait en tout

» 2¹⁰⁰. ✕ 100 ; 2°. que si, par conséquent,
» on jette la pièce en l'air 2¹⁰⁰. ✕ 100 fois
» de suite, il sera arrivé 2¹⁰⁰. combinaisons
» de croix & pile, pris dans cent jets consé-
» cutifs ; 3°. que, par conséquent, chacun
» des 2¹⁰⁰. évènemens se trouvera une fois,
» ou quelques-uns plusieurs fois, parmi les
» 2¹⁰⁰ combinaisons que croix & pile doi-
» vent produire dans ce cas ». De-là, il conclud qu'on peut parier sans crainte que de
ces 2¹⁰⁰. combinaisons, celle qui amènera
croix cent fois de suite, n'arrivera pas une
seule fois. Puisqu'il n'y a pas à douter qu'il
n'y ait des combinaisons qui arriveront deux
fois & peut-être plusieurs fois, il faut bien
qu'il y en ait dans ce nombre de jets qui n'arriveront point : mais je dis que ce ne sera
pas plutôt celles de cent fois croix, ou cent
fois pile de suite qu'une autre. M. d'Alembert
accuse les analistes de faire souvent des so-
phismes. Il se peut qu'on défende la vérité
avec de mauvaises armes, mais on ne peut
guère la combattre avec de bonnes ; & il me
permettra de lui dire que c'est lui qui tombe
quelquefois dans le sophisme ; & il ne sçau-
roit disculper de ce vice le raisonnement qu'il
fait ici.

Parce que, dans les coups de 2¹⁰⁰. ✕ 100
fois, il n'est guère possible que quelqu'une des
combinaisons n'arrive deux fois, il conclud
qu'il en est quelques unes qui n'arriveront

point dans ce nombre de jets. La conclusion
eſt juſte juſques-là ; mais il conclud de plus
que les combinaiſons de cent fois de ſuite
croix , ou cent fois de ſuite pile, ſont certainement de ce nombre : c'eſt ſuppoſer ce qui
eſt en queſtion. C'eſt-là préciſément ce qu'il
avoit annoncé qu'il alloit prouver, ayant dit
que croix arrivera certainement avant qu'on
amène cent fois de ſuite pile.

XVII.

M. d'Alembert convient que le nombre
des combinaiſons d'une pièce jettée cent fois
eſt 2^{100}.; & cependant il dit qu'il en eſt qui
certainement n'arriveront point. N'eſt-ce pas
admettre une choſe & en même temps la rejetter? Entre cent milliaſſes de centaines de
milliaſſes $\times$ 10 $=$ 2^{100}. de combinaiſons,
ces deux-là, cent croix & cent pile, ont bien du
malheur s'il n'y a qu'elles ſeules excluses de
la poſſibilité phyſique : s'il y en a d'autres,
en quel nombre ſont-elles ? & de combien,
dans ce cas , faudra-t-il diminuer 2^{100}.? S'il
y en a de plus poſſibles & de moins poſſibles, ſuivant quelles loix croît & décroît cette
poſſibilité ? Le ſort d'une ſeule ſera dans ce
cas $\frac{1}{2^{100}}$; & ce ſera celle qui eſt entre & au
milieu de la plus mêlée de croix & de pile,
& de la moins mêlée de croix & de pile. La
poſſibilité qui ira d'un côté en croiſſant, ira

de l'autre en décroiffant : au même quantième
de terme où elle fera venue en décroiffant à
un infiniment petit, elle fera venue de l'autre
côté, en croiffant à un infiniment grand. Le
fyftême de M. d'Alembert entraîne certainement & néceffairement dans ce labyrinthe de
difficultés.

XVIII.

Je ne fçaurois imaginer comment M. d'A-
lembert a pu conclure l'impoffibilité phyfique
de la répétition du même évènement cent
fois de fuite. Quand il feroit vrai qu'il y auroit des combinaifons plus poffibles les unes
que les autres, les dégrés de poffibilité ne
fçauroient différer que du plus & du moins ;
& il en refteroit toujours affez à la combinaifon qui en auroit le plus perdu, pour ne pas
tomber dans le cas de l'impoffibilité, &
fur - tout dans un nombre auffi borné que
cent.

XIX.

Loin que la poffibilité de la répétition du
même évènement s'oppofe à la variété de la
nature, l'opinion contraire la mutileroit énormément, ou plutôt la détruiroit totalement.
M. d'Alembert ne porte la poffibilité phyfique
de la répétition d'un même évènement qu'à
quatre-vingt-dix-neuf fois, qui donne 2^{99}.
combinaifons. Quelqu'un, un peu plus hardi,

qui la portera à cent-vingt fois , le nombre
des combinaisons , dans ce cas , fera 2^{120}. ;
il augmentera donc le nombre des combinai-
fons de la différence qui eft entre 2^{99}. & 2^{120} ;
& , pour quarante deux combinaifons d'un
même évènement répété vingt & une fois de
plus , il y en aura des millions de milliaffes
de milliaffes de variées. Si quelqu'un , au
contraire , ne portoit la poffibilité qu'à quatrevingt fois , il mutilcroit encore davantage la
nature que M. d'Alembert ; & chacun auroit
la faculté d'augmenter ou de diminuer fa variété à fon gré.

X X.

Il paroîtra à beaucoup de perfonnes que
c'eft un paradoxe de dire que la poffibilité
de la répétition d'un évènement augmente la
variété des événemens : Cela eft pourtant démontré. Si la poffibilité d'amener pile en jettant une pièce en l'air fe bornoit à fept fois ,
le nombre des combinaifons feroit $2^7 = 128$;
fi elle fe bornoit à dix fois , le nombre des
combinaifons feroit 2^{10}. $= 1024$. La répétition de trois fois de plus pile & de trois
fois de plus croix aura donc augmenté le nombre des combinaifons de huit cent quatre-
vingt-fix. On ne fçauroit donc augmenter
l'uniformité des évènemens fans augmenter
leur variété , ni augmenter leur variété fans
augmenter leur uniformité ; ni de même di-

minuer l'une fans diminuer l'autre.

XXI.

J'obferverai encore que la variété de la nature n'eft point la caufe des combinaifons, mais les combinaifons la caufe de la variété ; & qu'ainfi M. d'Alembert a pris la caufe pour l'effet & l'effet pour la caufe. Nous ne fçaurions concevoir que Dieu ait mis tant de variété dans fes ouvrages, fans rendre la matière fufceptible d'une infinité de combinaifons. Les alimens ne fe changent en chyle, le chyle en fang, le fang en chair, en cartilage, en os, que par les différentes combinaifons qu'ils prennent dans la digeftion. Les différens tempérammens, les diverfes maladies, pour la plupart, ne viennent que d'une digeftion différemment opérée. L'or & l'argent, ces métaux fi précieux pour les hommes, ne font que de la terre différemment combinée : &, comme le mal moral, dieu ne les a point faits, mais les a permis. On ne lit point dans la Genèfe *Deus creavit aurum & argentum :* Milton fait même les démons auteurs de l'or. Les pierres fe produifent devant nos yeux : le marbre, le plus dur de toutes, eft mol dans fon origine. M. de Tournefort l'a vu dans fa formation, & a volé le fecret de la nature, en la prenant fur le fait, dit M. de Fontenelle.

F iv

XXII.

Comment a-t-on pu s'imaginer que le calcul des dégrés d'espérance ou de crainte pût sortir des règles générales de l'arithmétique ? que $\frac{1}{2} \times \frac{1}{2}$ ne fût pas $\frac{1}{4}$ & $\frac{1}{2} \times \frac{1}{2} \times \frac{1}{2}$ ne fût pas $\frac{1}{8}$? N'est-il pas évident que, si je parie d'amener pile en deux coups, après l'avoir amené une fois, ayant échappé la moitié du danger, mon espérance est doublée ; & de $\frac{1}{4}$ qu'elle étoit, elle devient $\frac{1}{2}$? On peut donc comparer l'état présent, après avoir joué un coup, à l'état passé, avant qu'on eût joué. Si j'ai une forêt de huit lieues à traverser, où les voleurs soient à craindre, que le danger soit comme seize ; après avoir fait quatre lieues ou la moitié de la forêt, le danger ne sera plus que comme huit ; après avoir fait six lieues ou les trois quarts du bois, le danger ne sera plus que comme quatre ; & après avoir passé toute la forêt, le danger sera nul ou 0. De même, si de deux personnes, l'une étoit au commencement du bois & l'autre au milieu, le danger respectif qu'ils auroient à courir seroit de deux à un. Où M. d'Alembert a-t-il pris cette règle, qu'on ne compare point les choses certaines avec les incertaines ? Il en agit là comme faisoit le célèbre Cochin dans ses plaidoyers, où, pour se tirer d'embarras, il citoit quelquefois des loix qui n'avoient jamais existé. Je dis plus ; c'est que la comparaison d'un fait certain avec un fait incertain peut éclaircir celui-ci. Que deux doctes disputent sur l'époque de la naissance d'un roi d'Egypte ou de Syrie, qu'un troisième trouve que le jour de la naissance de ce prince il y eut une éclipse de soleil; il rendra certaine l'opinion d'un des premiers doctes, si réellement il y a eu une éclipse le jour où il plaçoit la naissance de ce prince.

X X I I I.

Le raisonnement qu'attaque M. d'Alembert art. 23, n'est nullement vicieux, comme il le prétend. Voici ce raisonnement : » la pro- » babilité d'amener croix au premier coup est » égale à celle d'amener pile au premier coup. » Or, la probabilité d'amener pile au premier » coup est double de celle d'amener pile au » premier coup & croix au second, ou pile au » premier coup & pile au second : donc, &c. Le moyen terme dont on se sert est le mê- me, & n'est point (comme M. d'Alembert le veut) tantôt la probabilité d'amener pile au premier coup & tantôt celle de l'amener au second. Ce moyen est constamment la probabilité d'amener pile au premier coup, qui est égale à celle d'amener croix, & dou- ble de celle d'amener *pile, croix*; ou *pile, pile* : d'où on conclud, suivant les règles de la saine logique, l'inégalité des deux ob- jets dans le rapport double. M. d'Alembert dit, qu'on compare ce moyen avec deux probabilités, qui ne font point les mêmes. Si l'égalité de ces deux probabilités eût été visible, il auroit été inutile de les comparer à une troisième idée. C'est en quoi consiste l'art du raisonnement, de montrer la liaison qu'on n'appercevoit entre deux objets, par le moyen d'une troisième idée, suivant ce grand principe, aussi favorable aux logiciens qu'aux géomètres, *quæ sunt æqualia uni tertio, sunt æqualia inter se ; quæ sunt inæqualia uni tertio, sunt inæqualia inter se.* Je soutiens donc très-juste le raisonnement accusé de faux : j'en appelle à tous les logiciens. M. d'Alembert invoque la logique à son secours, non pour admettre ses principes, mais en quelque façon pour les combattre, trouvant vicieux un raisonnement qui est suivant les règles de l'art, & dont la conclusion est une vérité démontrée.

XXIV.

Pour que M. d'Alembert fût en droit d'exiger des réponses des analistes aux demandes qu'il leur fait, il faudroit qu'il eût détruit l'ancienne doctrine des combinaisons, & établi solidement la sienne sur les ruines de l'autre ; car toutes les difficultés qu'il propose, art. 13, naissent de son système, & ne sont pas proposables contre l'opinion contraire. On seroit malheureux, si M. d'Alembert eut réussi à détruire le bel édifice de la doctrine des combinaifons, n'ayant pas même une chaumière à y subftituer; car en vérité ce qu'il veut mettre à la place n'eft qu'une routine, dont fe fervent les gens qui n'ont pas la moindre idée de combinaifon, & dont il n'a pas même les gants. Qui n'a pas vu des joueurs, après une partie de quadrille ou de tri finie, doutant fi un jeu qu'ils ont perdu étoit jouable, reprendre les cartes & le jouer plufieurs fois; & s'ils. le gagnoient plus qu'ils ne le perdoient, conclure qu'il fût jouable? Voilà pourtant à quoi aboutit toute la doctrine que M. d'Alembert veut fubftituer à ce bel édifice fi perfectionné dans le fiècle paffé.

X X V.

Je prendrai la liberté de faire obferver à M. d'Alembert qu'il joue deux rôles fort différens dans la république des lettres. Un des principaux auteurs de l'Encyclopédie, livre qui doit être le code des fciences & des arts, ne fembloit pas annoncer quelqu'un qui étendroit le pyrrhonifme fur les mathématiques, qui en détruiroit des branches, qui attaqueroit des axiomes & la forme de procéder de toutes. D'où vient cette fcience l'emporte-t-elle fur toutes les autres par la certitude? c'eft qu'elle définit tout; qu'elle propofe des axiomes dont perfonne ne doute; que, par des conféquences infaillibles, de ces

premières vérités elle en déduit d'autres.
De celles-ci, les unes ont plus d'étendue, les
autres moins. Aux premières elle donne le
nom de lême, au secondes celui de théoré-
me ; & à celles qui s'enfuivent de celles-ci
le nom de corollaire. Quelque éloigné que
vous vous trouviez de ces premiéres vérités,
on vous y fait remonter de propofition en
propofition comme par une échelle. Détrui-
fez ce bel ordre, cette forme, fi vous voulez
l'appeller de ce nom ; & vous détruirez la
fcience. Une propofition n'eft pas vraie, parce
qu'on la démontre par cet ordre : mais on
ne fçauroit la démontrer fans cet ordre, ou
un équivalent. S'il eft des efprits fupérieurs
qui franchiffent les milieux, il en eft peu de
ce genre.

XXVI.

Je ne fçais en quel rang de fes critiques
M. d'Alembert me placera : il en eft qui
ne font pas flatteurs ; mais je fçais qu'il
auroit tort de me mettre dans aucun. Je n'ai
voulu que défendre des vérités attaquées &
même ébranlées par un nom fi célèbre ; vérités que je me fuis trouvé un intérêt particulier à défendre, & que j'ai regardé comme mon propre bien ; ce que je fçais des combinaifons, ne le tenant ni des maîtres ni des
livres, mais de mes feules réflexions. J'ai
donc été bien éloigné d'avoir pour but d'at-

taquer les ouvrages de M. d'Alembert, &
encore moins fa perfonne, que je refpecte infiniment. Je n'eftime pas moins un auteur
qui a fait de bons ouvrages, parce que, dans
la fuite, il en feroit de mauvais. L'auteur de
Cinna, de Polieucte, de Rodogune n'eft
pas moins grand pour avoir fait Agéfilas &
Attila. Les grands hommes ne font jamais
du médiocre; ils font ou de l'excellent ou
du mauvais; & leur mauvais n'eft jamais
fans idées : on n'en trouveroit pas l'équivalent
dans les ouvrages des auteurs du commun.
J'admire l'élévation de l'efprit de M. d'Alembert, l'étendue de fes connoiffances, fes
talens à les rendre utiles par les bons ouvrages
qu'il a produits, comme fes préfaces de l'Encyclopédie, qui font des chefs-d'œuvre, &
autres : mais je fuis fâché que, dans ce beau
dictionnaire, il ait traité les articles qui regar-
dent le calcul des probabilités, fuivant fes
idées; puifqu'il n'a pas eu le bonheur de ren-
contrer jufte dans cette matière; au lieu de
les traiter fuivant ce qu'ont dit les Pafchal,
les Bernoulli, les Montmort, & autres grands
géomètres. Ces articles y feront toujours des
taches, puifqu'il convient lui-même que ce
qu'il y a mis n'eft pas exact, tandis qu'il pouvoit y mettre des chofes de la dernière exactitude.

XXVII.

J'admire encore fa liberté, fa force & fon

énergie à soutenir la philosophie & l'esprit philosophique attaqué par les lettrés du second ordre, qui, comme le renard de la fable, décrient
ce qu'ils n'ont point, & ce qu'il n'est pas
dans leur pouvoir d'obtenir; qui voient trop
les choses par leur surface, pour avoir apper-
çu que c'est l'esprit philosophique qui fait
les plus grands hommes dans tous les genres;
que les plus grands Empereurs, & les plus
grands Rois, comme les Marc-Aurelle, les
Antonin, les Pierre Premier, les Frédéric,
ont été ou sont de grands philosophes ; que
les plus grands Ministres, comme les Riche-
lieu, les Colbert, les Bacon, ont eu l'esprit
philosophique & protégé toutes les sciences ;
que l'esprit philosophique a fait les grands..
Théologiens, comme les Arnaud, les Ni-
cole ; les grands Jurisconsultes, comme les
Auteurs du droit Romain, les Dumoulin ;
les grands Historiens, comme les Saluste,
les Corneille Tacite, les de Thou ; les grands
orateurs, comme les Ciceron, les Boisuet.
Les grands poëtes ont été philosophes, comme Horace ; ont aimé la philosophie, comme
Virgile. Le plus grand poëte du siècle de
Louis XV n'a-t-il pas écrit des ouvrages
de philosophie ? Ce qui fait le plus grand
mérite de ses autres ouvrages, c'est le ton
philosophique qui règne en tous ; la touche
& le coloris, quelque charmans qu'ils
soient, n'en font que l'accessoire. Les Pope,

(111)

les Addiffon étoient philofophes : les plus
grands géométres, comme les Defcartes, les
Newton, les Leibnitz, ont été les plus
grands philofophes. Mais fi la philofophie
a donné de l'élévation aux géomètres. la
géométrie a donné de la folidité & de la
juftefle aux philofophes.

XXVIII.

Comment faifir les principes de fon art,
& en découvrir les reflorts, fans l'efprit philofophique ? eft-il donc étonnant que ceux
qui ont eu cet avantage, l'aient emporté
fur ceux qui en ont été privés ? Sans la
connoiffance des principes de fon art, fans
l'efprit philofophique, M. Rameau ne feroit peut-être pas fi élevé & le premier mu-
ficien de notre fiècle : mais, s'il furpaffe fes
contemporains, il ne les efface pas pour
cela : les ouvrages de M. de Mondonville
n'en font pas moins charmans ; il n'a pas
non plus effacé le mérite de fes devanciers,
comme des Campra, des Deflouches, des
Defmarets, des Mouret & encore moins
des Lulli ; & le public verra toujours avec
un nouveau plaifir les productions de ces
habiles muficiens, comme les opéras de
Théfée, d'Armide, de Tancrède, d'Iphi-
genie, d'Iffé, de l'Europe Galante, des Elé-
mens & autres.

Je fuis donc encore bien éloigné de pen-

fer fur cette matière comme M. d'Alembert ;
& de croire que nous n'avons point de mufique, parce que que la mufique Italienne peut
être fupérieure à la nôtre ; ou pour parler
en terme de géométrie, dans un ouvrage
géométrique, que notre mufique foit de-
venue $= 0$, ou que l'impreffion qu'elle fait
fur des organes accoutumés à la mufique Italienne eft un infiniment petit $= \infty$. M. d'A-
lembert me permettra bien de lui foutenir
que furpaffer n'eft pas écrafer, détruire,
anéantir. Dire que nous n'avons pas de mufique parce que l'Italienne furpaffe la nôtre,
c'eft comme fi on difoit que l'Orléanois,
le Blefois, la Touraine, l'Anjou, la Guien-
ne, n'ont point de vin, parce que les vins de
Bourgogne & de Champagne font fupérieurs à ces vin-là. L'hyperbole la plus
outrée pourroit dire tout au plus, que ces
vins, vis-à-vis ceux de Bourgogne & de
Champagne, ne font que de la piquette. Si
fon hyperbole pour notre mufique n'eut
pas été plus outrée, au moins il lui auroit
laiffé la qualité de plein-chant. Qu'on me
pardonne cette longue digreffion. Les lettrés,
qui ne font pas philofophes, ne laiffent
échapper aucune occafion d'attaquer la philofophie & l'efprit philofophique ; pourquoi ceux qui aiment la philofophie & ef-
timent l'efprit philofophique laifferoient-ils
paffer l'occafion de les foutenir? Parce que quel-

ques philosophes ont écrit contre les vérités de
la foi, ils accusent la philosophie de me-
mer à l'irreligion ; parce que des poëtes au-
dacieux ont fait des ouvrages contre la religion, & des poëtes licencieux des ouvrages
contre les mœurs, en conclura-t-on que
la poësie est contraire à la religion & aux
mœurs ?

XXIX.

Que M. d'Alembert soit donc persuadé
combien, détestant la critique personnelle,
j'ai été éloigné de vouloir l'employer à son
égard. Je crois même que c'est un grand
abus parmi nous, de ne pas réprimer les
calomnies & les médisances atroces, que
les critiques malins répandent contre les auteurs. Qu'ont de commun leur probité
& leurs mœurs (quand ils en manquent)
avec leurs ouvrages ? Ils feront moins estima-
bles, ils feront même méprisables comme
citoyens, s'ils pêchent par ces endroits ;
mais il n'y a que le ministere public en droit
de les reprendre, comme il n'y a que leurs
écrits livrés à la critique. Je blâme non seulement ceux qui font ces critiques odieuses,
mais même ceux qui prennent plaisir à les
lire ; les honnêtes-gens doivent les rejetter
avec indignation.

XXX.

Quand je dirai donc que M. d'Alembert

a péché par trop d'ambition , je ne croirai
pas l'attaquer perfonnellement , cette paffion
étant le reffort qui fait produire les grandes
chofes : mais comme l'excès en tout eft un
défaut , quoique M. d'Alembert ait beaucoup de fçavoir , un génie aifé & une imagination brillante , en voulant écrire fur tout ,
il n'a pu tout approfondir ; & , pour la doctrine des combinaifons , il n'a fait que l'é-
fleurer , & il a voulu pourtant oppofer doctrine à doctrine , comme en phyfique on oppofe fiftême à fiftême , fans avoir fait attention , comme nous l'avons obfervé d'après
M. de Fontenelle , qu'en mathématique les
méthodes qu'on trouve pour être bonnes
doivent être analogues à celles des autres
mathématiciens.

XXXI.

Si M. d'Alembert , eût fait attention que
le nombre f^n des combinaifons d'un dé jetté
le nombre de fois n étoit égal au nombre
des combinaifons d'un même nombre n de
dés joués enfemble , il fe feroit bien donné
de garde de dire , qu'il étoit phyfiquement
impoffible d'amener un nombre n de fois la
même face d'un dé ; & à plus forte raifon
d'amener un nombre n de fois croix ou pile ,
avec une pièce ; & à plus forte raifon encore
de ne l'amener que cent fois.

S'il eût fait attention que les combinaifons
d'un dé joué un nombre n de fois répon-

doient chacune à chacune des combinaifons du même nombre de dés *n* joués enfemble, il fe feroit bien donné de garde de
dire qu'il y a des combinaifons plus poffibles les unes que les autres.

S'il eût fait attention qu'après avoir amené neuf fois la même face d'un dé pour
l'amener dix fois, c'étoit une des combinaifons d'un dé joué dix fois, & par conféquent auffi facile à amener qu'aucune des autres combinaifons d'un dé joué dix fois ; il
fe feroit bien donné de garde de dire, qu'a-
près avoir amené un certain nombre de fois
une face d'un dé, le parti n'étoit plus égal
pour la ramener.

S'il eût fait le calcul qu'il falloit des centaines de millions de millions d'années pour
amener toutes les combinaifons exprimées
fous cette expreffion 2^{100}, qui lui étoit
fi familière, il n'auroit pas été obligé, pour
rendre les unes poffibles, d'ôter la poffibilité
aux autres ; & il n'auroit pas défini la poffibilité phyfique, celle qui n'a rien de trop
extraordinaire, & qui ne foit dans le cours
journalier des événemens ; puifque des événemens qui ne peuvent arriver que dans des
milliaffes d'années, font auffi poffibles que
ceux qui arrivent dans la minute.

XXXII.

Quand ces raifons mathématiques ne fe fe-

roient pas offertes à son esprit, les conséquences étranges qui émanent de son système
auroient dû l'arrêter : car, ne s'ensuivroit-il
pas, de ce que le parti ne seroit plus égal
pour ramener la même face d'un dé, qu'un
dé en tombant sur une face, acquerroit un
degré de force répulsive, pour l'empêcher
d'y tomber aussi facilement une seconde fois ?
qu'en y tombant deux fois, il acquerroit
un second dégré de force répulsive qui l'em-
pêcheroit d'y tomber aussi facilement une
troisième, & ainsi à l'infini ? Ne s'ensuivroit-
il pas de l'impossibilité physique de la répétition d'un événement un nombre de fois
déterminé, que l'unité seroit le passage du
possible à l'impossible, qu'un événement possible jusqu'à un certain nombre devient impossible pour une fois de plus ? Combien
d'autres conséquences aussi extraordinaires ne
s'ensuivent pas de ce système ?

Nous avons renvoyé à la fin de cet ouvrage ceux qui ne voudroient pas se donner
la peine de lire les démonstrations des cinq
principales vérités contestées par M. d'A-
lembert, dans le long dialogue où nous
les avons peut - être noyées. Les voici
réunies.

Démonstrations des cinq principales vérités contestées par M. d'Alembert.

VÉRITE'S PRÉLIMINAIRES.

Quelque quantité de dés qu'on prenne, il y a trois choses à considérer : 1° Le nombre à amener, 2° les différentes façons de l'amener , 3° la quantité de combinaisons ou de coups que chaque façon renferme.

Avec deux dés ordinaires pour amener le nombre douze , il n'y a qu'une façon & qu'une combinaison ; pour amener le nombre onze , il n'y a qu'une façon. 6. 5. & deux coups ou combinaisons $\frac{6\ 5}{a\ c}$ & $\frac{5\ 6}{a.\ c}$; pour amener le nombre 10 , il y a deux façons , 6. 4. & 5. 5 ; pour amener la première façon , il y a deux coups $\frac{6\ 4}{a,\ c}$ & $\frac{4\ 5}{a\ c}$; & pour amener la seconde façon, il n'y a qu'un coup $\frac{5\ 5}{a.\ c}$: il est évident que la combinaison $\frac{6\ 4}{a\ c}$, est aussi simple & aussi possible que la combinaison $\frac{6\ 6}{a\ c}$; & jamais personne ne s'est avisé de penser qu'un des trente-six coups de deux dés fût plus facile à amener ou plus possible qu'un autre.

Avec trois dés, pour amener le nombre

dix-huit ou rafle de fix, il n'y a qu'une façon & qu'une combinaifon ; pour amener
le nombre feize, il y a deux façons. 6. 6.
4 & 5. 5. 6 ; & pour amener chaque façon,
il y a trois combinaifons $\begin{smallmatrix} 6 & 6 & 4 \\ a & c & d \end{smallmatrix}, \begin{smallmatrix} 6 & 6 & 4 \\ a & d & c \end{smallmatrix}.$
$\begin{smallmatrix} 4 & 6 & 6 \\ a & c & d \end{smallmatrix}, \begin{smallmatrix} 5 & 5 & 6 \\ a & c & d \end{smallmatrix}, \begin{smallmatrix} 5 & 5 & 6 \\ a & d & c \end{smallmatrix}, \begin{smallmatrix} 6 & 5 & 5 \\ a & c & d \end{smallmatrix}$ chacune
aufli facile à amener & aufli poffible que rafle
de fix, & rafle de fix aufli poffible qu'aucune d'elles. Pour amener le nombre 11,
il y a fix façons ; & pour amener toutes ces
façons, il y a vingt-fept combinaifons ;
& rafle de fix, ou une autre, font aufli faciles à
amener qu'aucune de ces combinaifons : &
aucun des deux cens feize coups dont trois
dés font capables, n'eft plus facile à amener,
ni plus poffible l'un que l'autre ; quelque
nombre de dés qu'on prenne ce fera toujours
la même chofe, & on ne trouvera point de
combinaifon plus poffible qu'une rafle.

Théorême premier, & Vérité feconde.

Les combinaifons que donnent un dé jetté
plufieurs fois, font égales entre elles, &
également poffibles.

Démonftration.

Les combinaifons de quelque quantité de
dés que ce foit, font égales à f^n. f repré-
fentant le nombre des faces, & n le nombre

des dés : f^n eſt auſſi égal au nombre des combinaiſons d'un dé joué le nombre n de fois : ainſi les combinaiſons de trois dés de trois faces ſont $3^3 = 27$; & les combinaiſons d'un ſeul dé de trois faces joué trois fois ſont également $3^3 = 27$. Toutes les combinaiſons de la première colonne de la table (page 26) ſont égales entre elles , & peuvent être nommées a ; toutes les combinaiſons de la ſeconde colonne , qui ſont celles d'un dé de trois faces joué trois fois , ſont égales à celles de la première colonne chacune à chacune , & ſoient nommé $x. y. z. u$ &c. : or $x = a$, $y = a$. $z = a$. $u = a$; donc $x = y = z = u$; donc toutes les combinaiſons de la ſeconde colonne, ſont égales entre elles ; donc toutes les combinaiſons d'un dé de trois faces joué trois fois, ſont égales ; donc que toutes les combinaiſons contenues en f^n de jets ſont égales , & également poſſibles ; ce qui eſt vrai pour trois dés , l'étant pour quelque nombre de dés que ce ſoit.

Théorème ſecond, & Verité première.

Il eſt phyſiquement poſſible d'amener cent fois de ſuite la même face d'un dé , & même un nombre de fois n quelconque.

Nous venons de démontrer que toutes les combinaiſons d'un dé joué un nombre de fois quelconque n étoient toutes égalés entre elles, & également poſſibles. Or ſi quelqu'une étoit impoſſible, toutes le feroient, ce qui eſt abſurde, donc que toutes ſont poſſibles & également poſſibles. *c. q. f. d.*

Théorême troiſième & vérité troiſième.

$\frac{1}{6} \times \frac{1}{6} \times \frac{1}{6}$ Ces trois multiplications donnent le ſort pour amener trois fois de ſuite la même face d'un dé ordinaire.

Démonſtration.

Toutes les combinaiſons d'un dé ordinaire joué trois fois ſont $6^3 = 216$; & le ſort pour amener une de ces combinaiſons eſt $\frac{1}{6^3} = \frac{1}{216}$: toutes les combinaiſons étant égales & également poſſibles, le ſort pour amener trois fois 6 eſt $\frac{1}{216}$. Or $\frac{1}{216}$ eſt produit par ces trois multiplications $\frac{1}{6} \times \frac{1}{6} \times \frac{1}{6}$: donc ces trois multiplications donnent le ſort pour avoir trois fois 6 de ſuite ; ce qui eſt vrai pour quelque nombre de dés que ce ſoit *c. q. f. d.*

Théorême quatrième & vérité quatrième.

Il ne ſe perd jamais de combinaiſon, en quel cas que ce puiſſe être.

Démonſtration.

Les combinaiſons d'un dé joué un nombre *n* de fois ſont égales aux combinaiſons d'un même nombre *n* de dés joués enſemble. Les combinaiſons d'un dé de ſix faces joué

deux

deux fois font trente-six : comme les combinaisons de deux dés joués ensemble font trente-six, celles d'un dé joué trois fois font deux cens seize, comme celles de trois dés joués ensemble font deux cens seize ; il est par conséquent aussi impossible qu'il se perde des combinaisons , en jouant un dé d'un nombre quelconque de faces deux fois , trois fois &c. qu'en jouant ensemble deux dés , trois dés &c. comme il est impossible que les combinaisons de deux dés soient moins de trente-six, celles de trois dés moins de deux cens seize.

Théorème cinq & cinquième Vérité.

Quelque nombre de fois qu'on amène une face d'un dé, le parti est toujours le même pour la ramener.

Démonstration.

Soient ces six combinaisons d'un dé joué dix fois nommées *a. b. c. d. e. f.*

2	2	2	2	2	2	2	2	2	I	*a*
2	2	2	2	2	2	2	2	2	2	*b*
2	2	2	2	2	2	2	2	2	3	*c*
2	2	2	2	2	2	2	2	2	4	*d*
2	2	2	2	2	2	2	2	2	5	*e*
2	2	2	2	2	2	2	2	2	6	*f*

Pour amener dix fois **2** , il faut d'abord

l'amener neuf fois : après l'avoir amené neuf fois , s'il étoit plus difficile de l'amener dix fois que d'amener un 5 un 4 ou une autre face , la combinaison *a* feroit plus difficile à amener que la combinaison *b*. *c*. ou une des cinq autres. Or il eſt démontré que ces ſix combinaiſons ſont également faciles à arriver ; donc le ſort pour amener 2 eſt toujours $\frac{1}{6}$ quelque nombre de fois qu'on l'ait amené ; *c. q. f. d.*

Si le dé avoit cinq faces, le ſort feroit $\frac{1}{5}$, ſi 4 il feroit $\frac{1}{4}$, ſi 3 $\frac{1}{3}$, une pièce ou un jetton , il feroit $\frac{1}{2}$: donc il eſt égal , quelque nombre de fois qu'en jettant une pièce en l'air on ait amené pile , de le ramener encore.

Solution de quelques Problêmes.

Nous avons dit que quand on trouvoit de nouvelles méthodes , ſi elles étoient analogues aux anciennes , & donnoient les mêmes ſolutions des problêmes , c'étoit une preuve de leur certitude , & qu'elles confirmoient auſſi la certitude des anciennes, ſi elle eût été douteuſe. Nous allons donner la ſolution de pluſieurs problêmes par quelqu'unes de nos méthodes : & , ſi on veut les réſoudre par la doctrine ordinaire des combinaiſons , on verra combien elles ſont ſemblables.

On nous dira peut-être , à quoi bon tant

de méthodes nouvelles, quand elles ne font
que donner des folutions qu'on peut avoir
par des méthodes anciennes ? A cela je ré-
ponds, que de nouvelles méthodes enrichiffent toujours les mathématiques, comme de
nouveaux remèdes enrichiffent la médecine,
quand même ils ne feroient pas meilleurs
que les anciens ; parce que ceux qu'on ne
peut pas faire dans un temps & dans un lieu,
on les peut faire dans un autre temps & dans
un autre lieu ; de même les problêmes qu'on
réfoud difficilement par une méthode , on
peut les réfoudre plus facilement par une
autre ; & fouvent les problêmes qui font difficiles par une première méthode font aifés
par une feconde , & ceux qui font difficiles
par cette feconde font aifés par la première ; ce qui prouve qu'on ne doit négli-
ger aucune méthode.

PROBLEME PREMIER.

Quelqu'un joue , au quadrille , un fans-prendre
avec fpadille manille fixième en noir : fi des
cinq atouts qui reftent , il s'en trouve trois
dans la même main , il a comme infailible-
ment perdu. On demande combien il y a à
parier qu'il s'en trouvera trois dans la main
du même joueur ?

Ce problême a été propofé d'une façon
plus générale dans le mercure du mois
d'Août 1760, mais la folution en eft la

même que proposé de cette façon. Il en a
été donné deux folutions dans le fecond vo-
lume du mercure d'Octobre de la même année ; la première défectueuse , quoiqu'elle
vienne d'un homme d'efprit , qui s'eft fait
des méthodes par lefquelles il a réfolu beaucoup de problêmes , mais qui n'ont pas été
affez générales pour lui donner la folution
de celui-ci ; la feconde très-exacte , & qui
part d'un géomètre , qui y a employé avec
beaucoup d'art la doctrine connue des combinaifons.

Solution.

Je remarque que les cinq atouts font fuf-
ceptibles de cinq arrangemens différens ; je
cherche les combinaifons de chacun de ces
arrangemens , & je trouve que les combinaifons

de l'arrangement	2	2	1	font	90
que celles de l'arrangement	2	3		font	60
que celles de l'arrangement	1	1	3	font	60
que celles de l'arrangement	4	1		font	30
que celles de l'arrangement	5			font	3

Je cherche enfuite le rapport des combinaifons du premier arrangement des cinq atouts
combinés avec les vingt-cinq autres cartes ,
aux combinaifons du deuxième arrangement ,
combiné pareillement avec les vingt-cinq

autres cartes : pour cela je dis : Si quatre
atouts font arrangés 2. 2. & que le cinquième
vienne dans une main où il n'y en avoit
point, cela formera l'arrangement 2. 2. 1.
fi au contraire le cinquième atout vient
dans une main où il y en avoit déjà, cela
formera l'arrangement 2. 3. Je vois donc
que outre 3. contre 2, qu'il y a pour le
premier arrangement contre le deuxième,
il y a encore 10 contre 8, & parconféquent
que les combinaifons totales du premier arrangement, à celles du deuxième, font en
raifon compofée de 3. 2.   10. 8, ou comme
30 à 16 $= \frac{15}{8}$. Je cherche de la même manière le rapport des combinaifons du deuxième arrangement 2. 3 aux combinaifons
du troifième 1. 1. 3. difant, Si quatre atouts
font arrangés 2. 2. & que le cinquième
vienne dans une main où il y en avoit,
cela formera l'arrangement 2. 3. & Si les
quatres atouts font arrangés, 1. 3, & que
le cinquième vienne dans une main où il
n'y en avoit point, cela formera l'arrangement 1. 1. 3 : ces deux arrangemens font
donc en raifon compofée de 2. 2.   9. 10 ou
comme $\frac{18}{15} = \frac{2}{15}$. Je cherche de même le
rapport des combinaifons du troifième
arrangement au quatrième : fi quatre
atouts font diftribués 1. 3. pour que le
cinquième forme le troifième arrangement, il faut qu'il vienne dans une main

où il n'y en avoit point ; & pour qu'il forme le quatrième arrangement, il faut qu'il vienne dans une main où il y en avoit 3 : les combinaiſons totales du troiſième arrangement au quatrième ſont donc en raiſon compoſée de 2. 1.   10. 7 , ou comme $\frac{20}{7}$: je trouve de même que les combinaiſons du quatrième arrangement à celles du cinquième ſont $\frac{50}{3}$. Voici le rapport de tous ces arrangemens :

2.	2.	1	contre 2.	3.	15	contre	8.
2.	3.		contre 1.	1. 3.	9	contre	10.
1.	1.	3	contre 1.	4.	20	contre	7.
1.	4		contre 5.		50	contre	3.

Je puis exprimer en cinq nombres le rapport de tous ces arrangemens : puiſque le deuxième eſt au troiſième, comme 9 à 10. Je prends le nombre rompu $\frac{80}{9}$ qui a ce rapport avec 8 ; & les rapports des trois premiers arrangemens ſeront exprimés par ces nombres 15. 8 $\frac{80}{9}$. Cherchant un nombre qui ſoit à $\frac{80}{9}$ comme 20 à 7, je trouve $\frac{228}{9}$; & cherchant un nombre qui ſoit à $\frac{228}{9}$ comme 50 à 3 , j'ai $\frac{42\ldots}{225}$: & les rapports des cinq arrangemens ſeront exprimés par ces nombres 15. 8. $\frac{80}{9}$. $\frac{228}{9}$. $\frac{42\ldots}{225}$, qui ôtant les fraĉtions ſeront 30375. 16200. 18000. 630. 378. Celui qui a joué ſans-prendre, n'ayant que le premier arrangement pour gagner, il a donc 30375 en ſa faveur, & 40878 de contraire , qui réduits au moindre terme font 1125 contre 1514 : ainfi il y a 1125 contre 1514 à parier qu'il perdra fon fans-prendre. *c. q. f. d.*

PROBLEME DEUXIEME.

Si de 90 n^{os} qui font dans une roue , on en tire 5.

Trouver combien il y a à parier qu'on ga-gnera , en affirmant que trois n^{os} détermi-nés fortiront de la roue.

Je fuppofe les 90 n^{os} ou billets partagés en dix-huit lots, je cherche combien il y a de combinaifons pour l'arrangement 2. 1, & j'en trouve 918 : je cherche combien il y en a pour l'arrangement 1. 1. 1. & je trouve 4896 : je compare 918 , combinaifons de l'arrangement 2. 1 , avec 18 , combinaifons de l'arrangement 3 ; & je trouve 4590 contre 54 , ou 85 contre 1 , ou 255 à 3 : Je com-pare enfuite 4896 , combinaifons de l'ar-rangement 1. 1. 1. avec 18 , combinaifons de l'arrangement 3 ; multipliant d'abord 4896 par 5. j'ai 24480 ; & ce produit en-core par 5 , j'ai 122400 : & d'un autre côté multipliant 18 par 4, j'ai 72 ; & ce produit par 3 , j'ai 216 : ainfi le rapport de ces deux arrangemens eft 122400. à 216 , ou de 1700 à 3. Je joins les antécédens des deux rap-ports, & j'ai 1955 ; ce qui fait voir qu'il y a pour les deux premiers arrangemens ensemble contre le troisième, 1955 contre 3 ; ou que de 1958 combinaisons, il y en a 3 pour que les 3 numéros sur lesquels on a mis, soient dans le même lot. Or comme on a supposé les 90 numéros partagés en 18 lots, il faut donc prendre $\frac{1}{18}$ de $\frac{3}{1952}$, & on aura $\frac{3}{35244} = \frac{1}{11748}$ pour solution : ainsi il y a 1 contre 11747 à parier qu'on gagnera ; c. q. f. t.

Autre Solution.

Pour que celui qui a fait cette affirmation gagne, il faut que ses 3 numéros soient du nombre des 5 qui sortent de la roue ; puisqu'ils sont supposés en sortir, il n'y a plus que les 87 autres numéros à sortir. Si je trouve toutes les combinaisons possibles de 87 pris 2 à 2, j'aurai donc toutes les combinaisons dont les 90 numéros peuvent être disposés pour faire gagner : divisant par ce nombre les combinaisons de 90 pris 5 à 5, j'aurai le rapport des combinaisons qui font gagner à celles qui font perdre. Les combinaisons de 87 pris 2 à 2 font $\frac{87 \cdot 86}{1 \cdot 2} = 3741$: divisant par ce nombre les combinaisons de 90 pris 5 à 5, qui font $\frac{90 \cdot 89 \cdot 88 \cdot 87 \cdot 86}{1 \cdot 2 \cdot 3 \cdot 4 \cdot 5} = 43949268$; le quotient 11748 me donnera ce rapport : ainsi il y a $\frac{1}{11748}$ des coups pour gagner, ou 1 contre 11747 à parier qu'on gagnera, c. q. f. t : où on voit que des méthodes fort différentes donnent des solutions semblables.

Autre Solution.

Je diſtribue les 90 numéros en 30 différentes eſpèces. 3 as, trois 2. trois 3. trois 4 &c. Je dis : Pour avoir un terne quelconque, il y a trente combinaiſons. Mais pour avoir un terne déterminé, *p. ex.* 3 as que je ſuppoſe repréſenter les 3 numéros ſur leſquels on a mis, il n'y a qu'un coup : je cherche combien il y a de combinaiſons pour avoir un double avec ce terne, & je trouve 87 ; je cherche encore combien il y a de combinaiſons pour avoir 2 ſimples avec le terne, & je trouve 3654 : j'ajoute ces deux nombres & j'ai 3741, qui ſont toutes les combinaiſons poſſibles qu'il y a pour que vos 3 numéros ſortent de la roue. Je diviſe toutes les façons dont cinq numéros peuvent ſortir de la roue, ou, ce qui eſt la même choſe, toutes les combinaiſons dont ſont ſuſceptibles les 90 numéros pris cinq à cinq, qui ſont 43349268 : je diviſe, dis-je, ce nombre par 3741 ; & le quotient 11748 exprime qu'on a $\frac{1}{11748}$ de toutes les combinaiſons pour gagner, ou qu'il y a à parier 1 contre 11747. Cette méthode eſt de M. de Montmort.

Autre Solution.

Je multiplie 90, nombre des numéros, par

89 : & le produit 8010, je le multiplie par 88, ce qui me donne 704880, que je divise par 60 ; & le quotient 11748 est le fort pour gagner $\frac{1}{11748}$.

Démonstration.

Tirer un numéro entre 90, c'est comme si on amenoit un as, ou une autre face, avec un dé de 90 faces : tirer un second numéro déterminé, c'est comme si on amenoit un as avec un dé de 89 faces : & tirer un troisième numéro, c'est comme si on amenoit un as avec un dé de 88 faces. Or le fort pour amener trois as de suite, une fois avec un dé de 90 faces, l'autre avec un dé de 89, & l'autre avec un dé de 88, est $\frac{1}{90} \times \frac{1}{89} \times \frac{1}{88}$; comme avec trois dés l'un de 6 faces l'autre de 5 & l'autre de 4, le fort est $\frac{1}{6} \times \frac{1}{5} \times \frac{1}{4} = \frac{1}{120}$. Donc pour tirer trois fois de suite un numéro déterminé le fort est pareillement $\frac{1}{90} \times \frac{1}{89} \times \frac{1}{88} = 740880$. Mais comme il n'est pas nécessaire pour gagner que les trois numéros sur lesquels on a mis fortent les trois premiers de la roue, qu'il suffit qu'ils fortent entre cinq, je cherche combien les trois numéros peuvent se combiner en cinq places ; & je trouve de soixante façons. Je divise 704880 par 60 ; & le quotient 11748 me donne le fort pour gagner qui est $\frac{1}{11748}$, comme il auroit été $\frac{1}{704880}$ si on ne fortoit

que trois billets ou numéros de la roue ; *c.*
q. f. d.

Remarque première.

On voit que cette folution eft encore une
confirmation de la troifième vérité que nous
avons démontrée.

Remarque deuxième.

Cette folution nous apprend auffi à réfoudre le problême fuivant.

PROBLEME.

Jettant un dé un nombre quelconque de fois n.
trouver combien il y a à parier qu'on ame-
nera une de fes faces p. *un nombre* m *de fois.*

Ce problême eft le même dans le fond
que le fuivant, que propofent les analiftes.

PROBLEME.

Jouant un nombre quelconque n *de dés , trou-*
ver combien il y a de coups pour amener un
nombre m *d'as.*

C'eft toujours une autre façon de réfoudre celui-ci , & plus courte en bien des cas.

PROBLEME TROISIEME.

Si de 90 *nᵒˢ qui font dans une roue , on en*
tire cinq.

G vj

Trouver combien il y a à parier qu'on gagne-
ra, en affirmant que deux nos déterminés
sortiront de la roue.

Comme il sort cinq numéros de la roue,
on peut supposer les 90 numéros partagés
en dix-huit lots : je cherche combien il y
a de combinaisons pour l'arrangement 2,
c'est-à-dire, pour que les deux numéros
sur lesquels on a mis soient dans le même
lot ; & je trouve 18. Je cherche ensuite combien il y a de combinaisons pour l'arrangement 1. 1. c'est-à-dire pour que les deux
numéros soient séparés, & je trouve 306 :
comme l'arrangement 1. 1. a 5 places pour
rester tel, & qu'il n'en a que 4 pour devenir l'arrangement 2 ; je multiplie 306 par
5, ce qui donne 1530, & 18 par 4, ce qui
donne 72 ; ce qui fait voir qu'il y a 72
combinaisons pour l'arrangement 2. & 1530
pour celui 1. 1, ou que de 1602 combinaisons, il y en a 72 pour un arrangement &
1540 pour l'autre. Et comme pour gagner
il ne suffit pas que les deux numéros se trouvent ensemble dans un lot quelconque, mais
qu'il faut qu'ils se trouvent ensemble dans
le lot qui sort de la roue, il faut donc pren-
dre $\frac{1}{18}$ de $\frac{72}{1602}$ ce qui donne $\frac{72}{28836}$ qui est le
sort pour gagner, qui reduit aux moindres
termes est $\frac{1}{400\frac{1}{2}}$: ainsi il y a 1 contre 399 $\frac{1}{2}$

à parier qu'on gagnera.

Autre Solution.

Je cherche les combinaisons qui font gagner, qui font celles de 88 numéros sortans de la roue, avec les deux fur lefquels on a mis, ou les combinaisons de 88 pris 3 à 3 égales à $\frac{88.\ 87.\ 86}{1.\ 2.\ 3} = 109736$: je divife par ce nombre 43949268, nombre de toutes les combinaisons des 90 numéros, pris 5 à 5 ; & le quotient $400\frac{1}{2}$ me fait voir que le fort pour gagner eft $\frac{1}{400\frac{1}{2}}$; où qu'il y a à parier qu'on gagnera 1. contre $399\frac{1}{2}$; c. q. f. t.

Autre manière de réfoudre le problème trois, quoique par la même méthode de cette feconde folution.

Les combinaisons favorables font aux combinaisons contraires, comme ce que vous pariez de gagner, à ce qu'il y a à parier que vous perdrez. Nommant a les combinaisons favorables, b les combinaisons contraires, c la totalité des combinaisons, d ce que vous pariez ou mettez au jeu, x ce qu'il y a à parier que vous perdrez, on aura $a.\ b.\ (c-a) :: d.\ x$, ainfi $x, = \frac{bd}{a} = \frac{c-a\ d}{a}$. or c la totalité des combinaisons des 90 numéros pris 5 à 5 $= \frac{90.\ 89.\ 88.\ 87.\ 86}{1.\ 2.\ 3.\ 4.\ 5} = 43949268$ $a =$ aux 88 numéros pris 3 à 3 $= \frac{88.\ 87.\ 86.}{1.\ 2.\ 3.}$

$= 109736.$ fi $d = 1$ on aura $\dfrac{43949268 - 109736}{109736} =$

$\dfrac{43832532}{109736} = x = 399\,\tfrac{1}{2};$ *c. q. f. t.*

Autre Solution.

Je multiplie 90, nombre des numéros, par 89, nombre des numéros moins un : & le produit 8010 je le divife par 20, nombre des combinaifons de deux en cinq lots ; & le quotient 400 $\tfrac{1}{2}$ me montre le fort pour gagner, $\dfrac{1}{400}\;\tfrac{1}{2},$

Cette folution peut fe démontrer comme la femblable du problême précédent.

Je remarquerai que, pour réfoudre des problêmes, fuivant la méthode dont on a réfolu le premier qu'on vient de propofer, & fuivant laquelle on a donné les premières folutions des deux autres ; je remarquerai, dis-je, que cette méthode ne fuppofe point la connoiffance de la doctrine des combinaifons ; parce que pour combiner de petits nombres, comme 2. 3. 4. 5. 6, il n'eft point néceffaire d'art. Auffi ai-je réfolu ces problêmes & bien d'autres fans être inftruit de cette doctrine ; & c'eft la méthode dont je parle qui m'a fait découvrir ce que j'en fçais & trouver une table avec laquelle on trouve les combinaifons, comme avec le triangle arithmétique de M. Pafchal. Il eft vrai que cette table ne différe des nombres figurés ou de la table piramydale que de la feule unité qui marche en avant, mais fi effentielle à la mienne, que fans elle on ne lui auroit pas découvert cette propriété.

Nombres figurés, ou Table pyramydale.

1	1	1	1	1	1	1
1	2	3	4	5	6	7
1	3	6	10	15	21	28
1	4	10	20	35	56	84
1	5	15	35	70	126	210
1	6	21	56	126	252	462

Ma Table.

1	1	1	1	1	1
6	5	4	3	2	1
21	15	10	6	3	1
56	35	20	10	4	1
126	70	35	15	5	1
252	126	46	21	6	1

Comme j'ai trouvé cette table en difpofant les nombres de droite à gauche, je l'ai toujours laiffée en cette fituation.

M. de Montmort a pris pour bafe de fon traité des combinaifons, le triangle arithmétique de M. Pafchal : mais moi j'ai remonté à la fource des combinaifons ; ce qui m'a fait découvrir cette table. Je fuis en état de le prouver, en donnant la fuite des idées qui m'ont amené à cette connoiffance ; ce que je pourrai faire en achevant & rendant public un traité des combinaifons que j'ai commencé ; mais ce que je ne ferai que fi on lit ceci. Je ne fçais fi M. Pafchal, dans fon traité intitulé Triangle arithmétique, a donné l'origine de ce triangle, étant affez l'ufage des géomètres de cacher les voies qui les menent aux connoiffances importantes. Ce font prefque toujours des idées fi simples qui conduisent aux découvertes les plus sublimes, qu'on croiroit diminuer du mérite de ces découvertes, si on en montroit l'origine.

La méthode la plus naturelle & la plus simple de donner les solutions des problêmes, est de les résoudre directement par les combinaisons, quand cela se peut, comme celle de la deuxième solution du deuxième problême. Quand les analistes les ont résolus par des voies où ils n'appercevoient pas les combinaisons, ils ont cru qu'ils les résolvoient par des méthodes étrangères aux combinaisons, en quoi je pense qu'ils se sont trompés : *p. ex.*, ils auroient cru que la quatrième solution du deuxième problême n'étoit pas par les combinaisons : j'ai fait voir, dans la démonstration que j'en ai donnée, le rapport qu'elle a avec les combinaison des dés ; il y a apparence qu'il en est de même dans les problêmes où on n'apperçoit pas cette liaison.

F I N.

LETTRE
A M. D'ALEMBERT

Sur sa Nouvelle Théorie du jeu de croix ou pile, exposé dans le Dictionnaire Encyclopédique, & dans ses Opuscules mathématiques.

PARMI les vérités reçues jusqu'ici de tous les géomètres, que vous attaquez dans vos opuscules mathématiques, il en est une, qui, formant un article particulier dans l'Encyclopédie, me paroît mériter une défense particulière. Cette vérité est l'énumération exacte que font les analistes des combinaisons qu'il y a, lorsqu'en jettant une pièce en l'air deux fois de suite, on parie d'amener un des deux coups croix : ils déterminent ce nombre à quatre,

1er. COUP.	2me. COUP.
croix,	croix,
croix,	pile.
pile,	croix.
pile,	pile.

D'où ils concluent qu'il y a trois contre un

à parier qu'on amènera croix en deux coups, croix fe trouvant en trois combinaifons, & n'y en ayant qu'une où il ne fe trouve pas.

Vous foutenez, Monfieur, au contraire, que cette énumération eft fautive, & que, au lieu de quatre combinaifons, il ne s'en trouve que trois.

Il eft fingulier, Monfieur, qu'un grand géomèrre comme vous accufe de faux une vérité inconteftable & même évidente ; & encore plus fingulier, qu'il fubftitue à cette vérité quelque chofe de faux & évidemment faux : c'eft pourtant ce qui arrive dans cette queftion - ci. Quelles vérités plus inconteftables que celles des combinaifons ? que, par exemple, les combinaifons de deux dés font 36 ; que celles de trois dés font 216, celles de quatre dés 1296, fans que le nombre de ces combinaifons puiffe jamais recevoir ni augmentation ni diminution, celle de deux dés devenir plus ou moins de 36, & ainfi des autres ? Or, Monfieur, les combinaifons d'un dé joué deux fois font précifément les mêmes & en même nombre que les combinaifons de deux dés, celles de la première efpèce (fi cela en fait deux différentes) répondant, chacune à chacune, à celles de la feconde : donc, fi les combinaifons de la première efpèce font invariablement 36, celles de la feconde font auffi invariablement 36. Ce qu'on peut dire de

deux dés, on le peut dire de trois, quatre, &c., on le peut dire de deux, trois
pièces ou jetons, &c., les pièces & les jetons étant des dés de deux faces : donc,
jamais il ne se peut perdre de combinaisons
au jeu de croix & pile, quelque pari que
vous supposiez qu'on fasse.

Voici, ou je suis bien trompé, une démonstration exacte de la vérité que vous
avez contestée, vérité que les analistes n'auroient pas cru avoir besoin de démonstration, les quatre combinaisons paroissant en
évidence. Où en seroit-on réduit en géométrie, si on avoit besoin de démontrer des
vérités qui ne sont pas plus évidentes que
celle-ci ?

Qu'opposez-vous, Monsieur, à une vérité
évidente & démontrée ? ce tableau :

1er. COUP.	2me. COUP.
croix,	
pile,	croix,
pile,	pile;

qui n'offre aucune idée, ou qui en offre de
contradictoires ; car où y apperçoit-on trois
combinaisons ? Votre croix en védete ne
montre ni ne forme certainement point une
combinaison. Un seul évènement n'est point
susceptible de combinaisons ; il en faut au
moins deux. Vous me représentez donc
tout au plus deux combinaisons & demi :

oh ! je vous demande ſi on a jamais entendu parler de fractions de combinaiſons , & ſi cela n'offre pas une idée contradictoire ?

Vous devez penſer, Monſieur, ſuivant vos principes, que, ſi je pariois plus de 2 contre 1 d'amener croix en deux coups, je ferois dupe : eh bien, quand vous voudrez je vous parie 2 $\frac{1}{2}$ contre un, cinq écus contre deux écus, tant les vérités mathématiques font d'impreſſion ſur moi, & ſans être accompagnées de doute, comme vous en montrez à tout bout de champ dans votre nouvelle doctrine des combinaiſons, nommément dans la queſtion dont il s'agit où vous modifiez dans vos opuſcules mathématiques ce que vous en aviez dit dans l'Encyclopédie, mettant toujours néanmoins le rapport plus proche de 2 à 1, que de 3 à 1, ce qui vous laiſſeroit encore de l'avantage à parier 1 contre 2 $\frac{1}{2}$.

Si Monſieur, je pariois contre vous d'amener croix en deux coups, & que je pariaſſe en même temps contre un autre d'amener croix deux coups de ſuite ; après avoir joué le premier coup, ſi j'amene croix, j'ai perdu contre vous : mais mon ſort reſte indécis avec l'autre parieur, & il me faut jouer un ſecond coup pour le décider. Selon vos principes, il n'eſt point égal pour vous de me payer après le premier coup, ou d'attendre mon ſort à décider avec l'autre pa-

rieur, & de ne me payer qu'après le fecond coup. Pour moi, je trouve ce fort fi
égal, que, quand je parierois un louis,
je ne vous donnerois pas un fol pour attendre l'événement du fecond coup; & je crois
que tout le monde qui y fera attention fera
de mon avis. Si j'amene croix au premier
coup, mon fort eft décidé au premier coup ;
la gageure m'eft acquife. Je n'apprends en
jouant un fecond coup que par quelle combinaifon je vous gagne, ou de celle de *croix
croix*, ou de celle de *croix pile*, ce qui m'eft
fort indifférent : mais ces deux combinaifons que vous vouliez réduire à une, n'en
exiftent pas moins, & je les vois paroître tantôt l'une tantôt l'autre, quand vous liez
votre pari avec celui d'un autre joueur ; au
lieu que fi vous pariez feul, on ne leur donne
pas le temps de fe manifefter inutilement.

Quand nous jouerons les deux coups, il
eft évident qu'à fortune égale, de quatre
parties j'en gagnerai trois, de huit que j'en
gagnerai fix, &c. : mais en payant & ter-
minant la partie au premier coup, on ne
peut pas difconvenir que cela ne fafle un
dérangement dans l'ordre des parties ; on
en perd qu'on auroit gagnées, on en gagne
qu'on auroit perdues, & on en joue davantage, croix feul faifant une partie : &
ce dérangement de parties fait que, fi vous
n'examiniez l'effet que de 4. 8. 12. ou un

petit nombre de parties, vous ne trouveriez pas le rapport de $\frac{1}{1}$. Pour trouver ce rapport il faut donc examiner un grand nombre de parties, égalifant l'événement des croix & des pile ; & encore ne trouverez-vous pas exactement ce rapport ; ce qui n'eft pas étonnant, parce que dans ce bouleverfement de parties les combinaifons font auffi bouleverfées : mais vous approchez extrêmement du rapport $\frac{1}{1}$: & même dans l'examen que j'ai fait, je me fuis trouvé un peu au-deffus : j'oferais bien vous défier, Monfieur, par quelque opération que ce fût, de trouver un réfultat qui vous donnât un rapport plus approchant de $\frac{1}{1}$ que de $\frac{1}{1}$.

Voici comment je m'y fuis pris pour faire l'examen dont je parle. J'ai cherché toutes les parties que donnent les vingt-quatre changemens d'ordre des quatre combinaifons.

1er. COUP.	2me. COUP.
croix,	croix.
croix,	pile.
pile,	croix.
pile,	pile.

ce que m'a montré la Table fuivante :

1 A		
c c.	c	
c p.	c	
	c	
p p.	p	p
p c.	p	p
	c	

2 A		
c c.	c	
c p.	c	
	c	
p c.	p	p
p p.	c	
	p	p

3 A		
c c.	c	
p p.	c	
c p.	p	p
p c.	c	
	p	p
	c	

```
  4   D              5   D              6   D
c c.    c              c.    c        c c.  c
p p.    c            ` c.    c        p c.  c
        p p                   p c     p p.  p c
p c.    p c         c p.    c         c p.  p p
c p.    c           p p.    p p             c
        p                   p               p

  7   B              8   B              9   A
c p.    c           c p.               c p.    c
c c.    p c         c c.    c          p c.    p p
p p.    c           p c.    p c        c c     c
p c.    p p         p p.    c                  c
        c                   p c        p p.    c
        c                   p p                p p

 10   A             11   B             12   A
c p.    c           c p.    c          c p     c
p c.    p p         p p.    p p        p p.    p p
p p.    c           c c.    p c        p c.    p p
c c.    p p         p c.    c          c c.    c
        c                   p c                c
                                               c

 13   A             14   D             15   B
p p.    p p         p p.    p p        p p.    p p
c c                 c c.    c          c p.    c
        c                              c c.    p c
c p.    c           p c.    c                  c
p c.    c           c p.    p c.       p c.    p c
        p p                 c
        c                   p

 16   A             17   D             18   B
p p.    p p         p p.    p p        p p.    p p
c p.    c           p c.    p c        p c.    p c
p c.    p p         c c.    c          c p.    c
        c                   c                  p c
c c.    c           c p.    c          c c.    c
        c                   p
```

```
   19  D            20  D            21  B

   p c.    p c      p c.    p c      p e.    p c
   c c.    c        c c.    c        c p.    c
   c p.    c                c        c c.    p c
           c                                 c
   p p.    p p      p p.    p p      p p.    p p
           p        c p.    c
                            p

   22  B            23  D            24  B

   p c.    p c      p c.    p c      p c.    p c
   c p.    c        p p.    p p      p p.    p p
   p p.    p p      c c.    c                c
   c c.    p c      c p.    c        e p.    p c
           c                c        c c.    c
                            p
```

où j'ai vu que huit changemens d'ordre
marqués A donnent chacun six parties dans
le rapport $\frac{1}{1}$, ce qui fait quarante-huit parties ; que huit autres changemens d'ordre
marqués B donnent chacun cinq parties
dans le rapport $\frac{4}{1}$, ce qui fait quarante parties ; & enfin que huit autres changemens
d'ordre marqués D donnent cinq parties
& demie. Pile se trouvant seul à la fin, pour
finir cette partie, il faut jouer un autre
coup, qui sera une fois croix & l'autre fois
pile : ainsi ces huit changemens d'ordre
donneront chacun douze parties $=$ quatre-
vingt-seize qui sont dans le rapport $\frac{4}{1}$: ces
quatre-vingt-seize, avec quarante que nous
avons trouvées dans le même rapport, font
cent trente-six parties dans le rapport $\frac{4}{1}$,
qui avec les quarante-huit que nous avons
trouvées

trouvées dans le rapport $\frac{2}{1}$, font en tout cent quatre-vingt-quatre parties : des trente-six parties dans le rapport $\frac{4}{1}$, si je parie d'amener croix en deux coups, j'en gagne les $\frac{4}{5} = 108 \frac{4}{5}$; & des quarante-huit dans le rapport $\frac{2}{1}$, j'en gagne les $\frac{2}{3} = 32$: ainsi des cent quatrevingt-quatre parties, j'en gagnerai cent huit $\frac{4}{5} + 32 = 140 \frac{4}{5}$. Si dans les cent quatrevingt-quatre parties je n'avois que le rapport $\frac{3}{1}$ pour moi, il est clair que je ne gagnerois que les $\frac{3}{4}$ des parties $= 138$: ainsi dans ce grand nombre de parties, loin d'avoir eu du désavantage à parier trois contre 1, j'aurois eu $2 \frac{4}{5}$ de parties de profit.

Si vous vous fussiez encore, Monsieur, donné la peine de faire attention à toutes les conséquences étonnantes qui s'enfuivent de votre fiftême, je ne crois pas que vous l'eussiez proposé. Selon vous, il n'y a que 3 contre 1 à parier, qu'on amenera croix en trois coups ; & selon tous les analiftes il y a à parier 7 contre 1. Selon vous, il n'y a que 4 contre 1 à parier qu'on amenera croix en quatre coups ; & selon tous les autres, il y a 15 contre 1. Selon vous, il n'y a que 7 contre 1 à parier, qu'on amenera croix en sept coups ; & selon tout le monde calculateur, il y a 127 contre 1 : cette énorme différence ne devoit-elle pas vous rappeller sur vos pas ? Il est vrai que,

dans vos opufcules mathématiques, vous ap-
portez quelques modifications à ce calcul :
mais de forte cependant que vous approchez plus du vrai que les autres géomètres ;
& que felon vos principes, il y auroit du
défavantage à parier 60 contre 1. Si quelqu'un cependant, fur l'autorité de votre ré-
putation fi folidement établie d'ailleurs,
vouloit parier ; au lieu de 60 j'oferois lui
donner un tiers en fus d'avantage, & parier
90 contre 1. Quelle étrange difproportion
à celle de 7 contre un ? rapport que vous
annonciez d'abord : & combien elle le deviendroit plus énormément, fi on parioit
d'amener croix dans un plus grand nombre
de coups ?

Un célébre géomètre m'a donné une démonftration de la vérité dont il s'agit, que
je trouve trop belle & trop ingénieufe pour
ne la pas mettre ici.

Jouer deux coups de fuite croix ou pile,
c'eft la même chofe que jetter à la fois deux
pièces en l'air (on ne peut nier cette vérité) : les deux pièces tomberont, ou toutes
deux fur croix, ou toutes deux fur pile ;
ou la pièce A fur croix & la pièce B fur
pile ; ou A fur pile & B fur croix. Il eft
évident qu'il faut qu'elles tombent de l'une
de ces quatre manières ; & il ne l'eft pas
moins qu'il n'y a que l'une des quatre qui
fera perdre celui qui aura parié d'amener

croix en deux coups avec l'une des deux
pièces ; & que les trois autres chances le feront gagner : il doit donc parier 3 contre
1. Je remarque de plus , qu'il y a trois de ces
chances, où, pour exiger le paiement, il suffit
de voir l'une des deux pièces, & où il est
absolument inutile de voir la seconde , si la
première sur laquelle on jette les yeux est
croix : or je demande si de regarder les
deux pièces , ou de ne regarder que celle
qui marque croix dans ces trois cas, change
quelque chose au sort du joueur.

Je vois avec déplaisir, Monsieur , que
maintenant les géomètres ont deux tâches
à remplir dans la solution des problèmes ;
la première de trouver le nœud de la solution, & la seconde de monter leur esprit à
des vues méthaphysiques , pour répondre
aux difficultés que vous formerez contre ces
solutions. Malheur aux géomètres qui ne
sont pas philosophes ! il ne leur restera que la
ressource de trouver la même solution par
une méthode différente ; mais, alors, cette
double solution dissipera une nuée de difficultés méthaphysiques.

Il n'est pas nouveau de voir attaquer les
vérités mathématiques : mais les géomètres
ont toujours fait peu de cas de ces attaques.
J'ai oui dire à feu M. de Maupertuis, que les
difficultés qu'on avoit faites contre les mathématiques, n'en avoient jamais, ni retardé,

ni avancé les progrès. Mais ce que je trouve
nouveau & d'une conféquence fâcheufe, c'eft
qu'un grand géomètre attaque les principes
de plufieurs branches de cette fcience. N'eft-
ce pas là une efpèce de félonie?

F I N.

E R R A T A.

Pag. 13 , *lig.* 7 , doux *lif.* deux

Pag. 55 , *ajoutez au-devant de la dernière
ligne , x =*

Pag. 77 , *lig.* 3 & 4 , ne font pas également
poffibles. *lif.* font également poffibles.

Ibid. lig. 13 , 6 , *lif.* 6³.

Ibid. lig. 15 , $\frac{1}{16}$ *lif.* $\frac{1}{216}$

Pag. 79 , *lig.* 27 , $\frac{4}{c}$ *lif.* $\frac{1}{\varepsilon}$

Pag. 103 , *lig.* 25 , le plus dur *lif.* la plus dure.